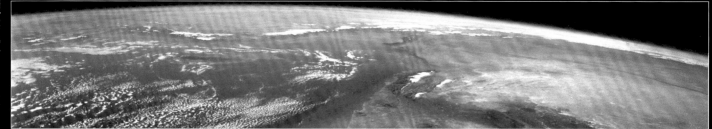

图书在版编目（CIP）数据

狂野地球 /（英）马特·特纳著；朱伊佳等译.
-- 北京：科学普及出版社，2022.1（2022.9 重印）
（DK 探索百科）
书名原文：E.EXPLORE DK ONLINE: EARTH
ISBN 978-7-110-10354-8

Ⅰ.①狂…　Ⅱ.①马…②朱…　Ⅲ.①地球—青少年
读物　Ⅳ.① P183-49

中国版本图书馆 CIP 数据核字（2021）第 202107 号

总 策 划：秦德继
策划编辑：王 茵 许 英
责任编辑：赵 佳
责任校对：邓雪梅
责任印制：李晓霖
正文排版：中文天地
封面设计：书心瞬意

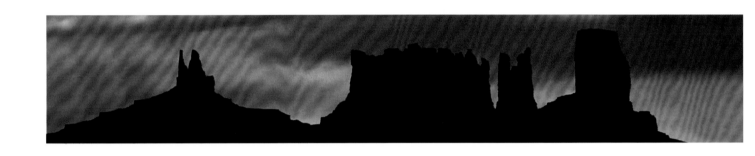

Original Title: E.Explore DK Online: Earth
Copyright © Dorling Kindersley Limited, 2004
A Penguin Random House Company

科学普及出版社出版
北京市海淀区中关村南大街 16 号
邮政编码：100081
电话：010-62173865　传真：010-62173081
http://www.cspbooks.com.cn
中国科学技术出版社有限公司发行部发行
北京华联印刷有限公司承印
开本：889 毫米 ×1194 毫米　1/16
印张：6　字数：200 千字
2022 年 1 月第 1 版　2022 年 9 月第 3 次印刷
定价：49.80 元
ISBN 978-7-110-10354-8/P • 223

For the curious

www.dk.com

混合产品
纸张 |
支持负责任林业
FSC® C018179
www.fsc.org

DK 探索百科

狂 野 地 球

[英]马特·特纳／著

朱伊佳　刘曦　张逸飞　李昕然／译

吕建华／审校

科学普及出版社

·北 京·

目 录

地球——宇宙的一员

万物都存在于宇宙之中。

宇宙包含了所有所见的一切，如物体、天体、时间和空间，以及不可见的暗物质和暗能量。宇宙漫无边际，如果以地球为中心，向四面八方延伸出去，每个方向至少达到465亿光年（1光年是指光在真空中走一年的距离，大约为9.5万亿千米）。宇宙中有数不尽的恒星，这些恒星又构成数万亿个星系。我们太阳系所在的银河系便是其中之一。

大爆炸宇宙论▶

科学家发现，所有的星系都在彼此远离，而且从未停止过。由此得出：宇宙产生于一次"大爆炸"。在大爆炸发生的一瞬间，整个宇宙从聚集的一个奇点膨胀到一个燃烧着的巨大火球，最终，形成恒星。大爆炸发生在138.2亿年前，绝大多数科学家认为宇宙会永远膨胀下去。

星系

活动星系

所有的星系都在释放能量。它们中的一些被称作活动星系，因为这些星系能释放出大量的能量。这些能量有许多构成形式，包括光和电磁波，它们从星系中心向四周释放。

仙女座星系

仙女座星系是离我们所居住的银河系最近的星系，距离地球大约有200万光年。这个螺旋形星系里包含了以亿计数的恒星。仙女座星系与银河系同处于本星系群。

三角座星系

三角座星系也是本星系群的一个螺旋星系，大小大约为银河系的1/4。三角座星系按轨道环绕着与其相邻的仙女座星系运动；仙女座星系依靠自身的重力作用控制着一些较小的星系。

◀银河系

银河系是一个包含了2000亿～4000亿颗恒星的星系，太阳是银河系众多恒星中的一员。银河系呈螺旋形，直径10万多光年。其中的尘埃和恒星形成了绕轴旋转的"手臂"，使银河系像一个圆盘。太阳系位于其中的一个"手臂"上，因此在夜晚仰望星空可以看到银河在天空中的身影——一条暗淡的条带。大约70%的已知星系都呈螺旋形，另一些则呈椭圆形或者其他不规则形状。

宇宙的年龄（单位：10亿年）

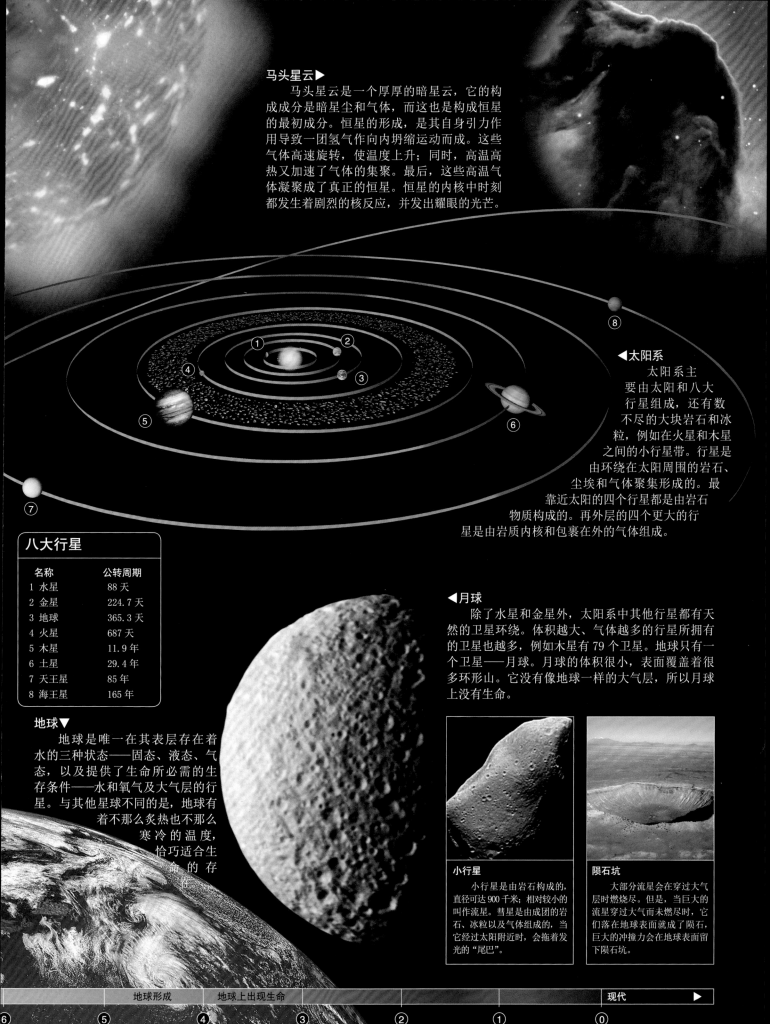

马头星云▶

马头星云是一个厚厚的暗星云，它的构成成分是暗星尘和气体，而这也是构成恒星的最初成分。恒星的形成，是其自身引力作用导致一团氢气向内坍缩运动而成。这些气体高速旋转，使温度上升；同时，高温高热又加速了气体的集聚。最后，这些高温气体凝聚成了真正的恒星。恒星的内核中时刻都发生着剧烈的核反应，并发出耀眼的光芒。

◀太阳系

太阳系主要由太阳和八大行星组成，还有数不尽的大块岩石和冰粒，例如在火星和木星之间的小行星带。行星是由环绕在太阳周围的岩石、尘埃和气体聚集形成的。最靠近太阳的四个行星都是由岩石物质构成的。再外层的四个更大的行星是由岩质内核和包裹在外的气体组成。

八大行星

名称	公转周期
1 水星	88 天
2 金星	224.7 天
3 地球	365.3 天
4 火星	687 天
5 木星	11.9 年
6 土星	29.4 年
7 天王星	85 年
8 海王星	165 年

◀月球

除了水星和金星外，太阳系中其他行星都有天然的卫星环绕。体积越大、气体越多的行星所拥有的卫星也越多，例如木星有 79 个卫星。地球只有一个卫星——月球。月球的体积很小，表面覆盖着很多环形山。它没有像地球一样的大气层，所以月球上没有生命。

地球▼

地球是唯一在其表层存在着水的三种状态——固态、液态、气态，以及提供了生命所必需的生存条件——水和氧气及大气层的行星。与其他星球不同的是，地球有着不那么炎热也不那么寒冷的温度，恰巧适合生命的存在。

小行星

小行星是由岩石构成的，直径可达 900 千米；相对较小的叫作流星。彗星是由成团的岩石、冰粒以及气体组成的，当它经过太阳附近时，会拖着发光的"尾巴"。

陨石坑

大部分流星会在穿过大气层时燃烧尽。但是，当巨大的流星穿过大气而未燃尽时，它们落在地球表面就成了陨石，巨大的冲撞力会在地球表面留下陨石坑。

太阳和月球

地球在不间断地围绕太阳旋转，以一年为一个周期。与此同时，它也像一个旋转的陀螺，绕着自己的自转轴旋转。这也使得地球能够控制其表面以怎样的方式来接受太阳的光和热。地球的自转和公转控制着日夜更迭的节奏、一年的长度和四季的更替，人们也根据这个规律设置时间、作息生活。同时，地球也有自己的卫星，那就是月球。月球完成一个公转周期需要一个月的时间。太阳、月球的引力作用引起了地球上的潮汐现象。

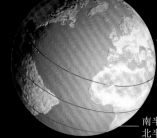

南半球秋分，北半球春分

地轴

北极

当北极向太阳偏斜时，北半球是夏季，南半球是冬季

白昼与黑夜▶
地球围绕地轴（人们假想的穿过南北两极的轴线）自转一周需要 24 小时。向阳面即是白昼，背阳面则是黑夜。地球自西向东旋转，这就解释了为何太阳总从东边升起。地轴并非与其绕日轨道平面保持垂直，两者之间保持 23 度 26 分的夹角。

地球自转方向

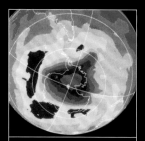

臭氧层空洞
臭氧，是在大气层中发现的一种由氧元素构成的气体。它能吸收太阳辐射中的紫外线部分，并以此保护地球。20 世纪 90 年代，科学家们称一种化工材料正在侵蚀着臭氧层，那就是氟利昂。1985 年，南极洲上空探测到一个臭氧空洞。现在，氟利昂已被禁止使用。

◀地球的四季
地轴向着或背着太阳倾斜，这在地球表面就制造了不同程度上的日照，也就产生了我们所经历的四季。当太阳直射点在某一半球（南或北）时，这一半球的白昼时间就较长，也就产生了夏季；反之，当这一半球的极点偏离太阳，日照变弱、白昼缩短，从而就产生了冬季。在一年的任一时间，地球的两个半球都经历着不同的季节。

太阳辐射

5% 被大气层反射回宇宙空间

20% 被云层反射

15% 被大气层和云层吸收

5% 被地表反射

5% 被水、灰尘以及空气中的气体吸收

50% 被地表吸收

挪威的午夜日出
在挪威北部，夏季午夜可以看到太阳。当北极点朝向太阳的六个月里，北半球将会获得更多的日照时间。在盛夏时节，北极圈内一天 24 小时全天都有日照。而在冬季，太阳将不会在天空出现。

◀太阳辐射
地球吸收着来自太阳的光和热，同时也被太阳其他形式的能量所影响着，包括短波和高能辐射，如：γ 射线、X 射线、紫外线等。这些辐射是有害的，如紫外线会导致皮肤癌并伤害我们的眼睛。而地球的大气层可以保护我们免受伤害——地球最外层大气能够把 γ 射线和 X 射线反射回宇宙空间，臭氧层则可以吸收大部分的紫外线。

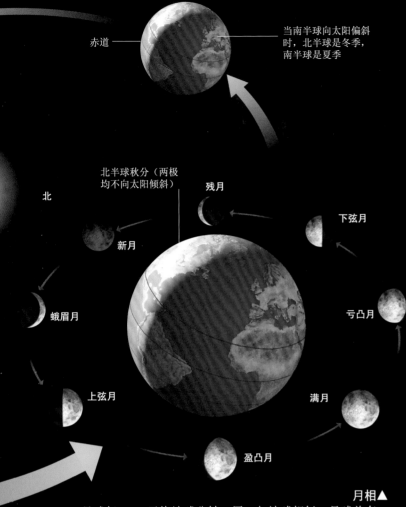

赤道

当南半球向太阳偏斜时，北半球是冬季，南半球是夏季

北半球秋分（两极均不向太阳倾斜）

残月

北

下弦月

新月

亏凸月

蛾眉月

上弦月

满月

盈凸月

月相▲

月球每 27.3 天绕地球公转一周。与地球相似，月球总有一面能够接收到日光。但是由于月球与太阳和地球的相对位置总在变化之中，每天晚上我们看到的都是月球表面对日光不同比例的反射。在一个月的历程中，月相从一弯新月渐渐到满月，接着又慢慢由满至缺回到最初新月的位置，当月球接收日照的部分背对着我们时，我们将看不到夜空中的月亮。

四季的温度

春季
　位于南北两极和热带地区（赤道附近的区域）之间的地域一年之内会经历四个分明的季节。在北半球，3 月 21 日或 22 日为春分日：这时太阳直射在赤道上。此后，白昼变长，气温升高，刺激植物生长。

夏季
　夏季是最温暖的季节。在北半球为 6 月至 9 月，而在南半球为 12 月至次年 2 月。在 6 月 21 日或 22 日，北极点指向太阳，呈最大的夹角，节气上被叫作北半球夏至。在北半球，这一天为一年之中白昼最长的一天。

秋季
　秋天，白昼变短，气温开始变得凉爽。与春分相对的是秋分，在北半球为 9 月 22 或 23 日。白昼时间的缩短使得植物生长缓慢，许多树木开始落叶，准备冬季的来临。

冬季
　冬季是一年之中最冷的季节。每年 12 月 21 日或 22 日（北半球的冬至日），北极点远离太阳，呈最大夹角。严寒与黑暗使得许多动物开始冬眠。另一些动物则迁徙至正经历着夏季的温暖的南半球。

太阳

月球

地球

月球

小潮（最低潮）

大潮（最高潮）

◀地球的潮汐
　每天，地球的海岸线都因为海平面在有规律地涨落而被海水冲刷着。当月球围绕地球公转时，面向月球的海水将被其引力牵引，产生一个凸起，从而形成涨潮。由于地球自转产生的离心力，地球背着月球的一面也会形成涨潮。地球自转形成了 24 小时内的两次潮起与潮落。当月球与太阳排成一条直线时（每月 2 次），它们的引力会合在一起形成最大的潮汐，叫作朔望潮（大潮）。当引力最弱时，形成小潮。

磁性地球

　　磁力是一种不可见的力，对特定物质（如铁）呈现吸引或排斥。炙热的地核外层大部分是由液态铁组成的。热量使得铁溶液形成涡流，并具有磁性，这就使地球成为一个巨大的磁体。与其他磁体一样，地球也有南北两极。地球磁场的南北两极与地理位置的南北两极接近。地球的磁性让我们能够使用指南针辨别方向，它同样也指引一些动物的迁徙。

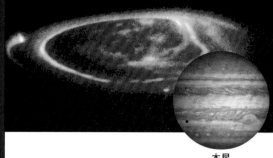

木星上的极光

木星

　　这一巨大的极光是由太阳粒子受磁力吸引进入木星大气形成的。每个星球都有其磁场。它们中的一些比地球的弱，火星与金星现在的磁场较弱，然而在其形成初期却都有较强的磁场。体积大的星球有着较强的磁场。木星的磁场强度是地球的 2 万倍，也是太阳系中最强的磁场。

太阳风：从太阳发射出的带电粒子流

地磁场▶

　　地球的磁场，简称为地磁场（图中以紫色标出边界）在宇宙中延伸很广。它保护我们不受太阳风——从太阳倾泻出的有害粒子流的袭击。当这些粒子接触磁场，它们被减缓速度并被推向别的方向，只有少数朝向两极射去。太阳风的压力使得磁场改变了它的形状，形成了一个较钝的"头部"和延长至宇宙深处的"尾巴"。

地球磁场的弓形波效应迫使太阳风绕开磁场范围

◀南极光

　　太阳射出的带电粒子也同样影响南半球的天空，形成南极光。在两极，极光大多数都像巨大的窗帘一般展现，但有时也会出现光斑和光带。当太阳活动剧烈的时候，南极光将带来相当壮观的景象。这种情况下，大量强烈的太阳能量向洪水一般袭击大气层，同时也可能造成雷暴。

▲北极光

　　这种在北方夜空中的辉光就是北极光。它是由来自太阳的带电粒子以大约 400 千米 / 秒的速度喷射而成。接近极地的粒子会被地球磁场吸引到大气中，受干扰的磁场将困在磁场中的粒子抛向地球，使高空空气在两极周围发光。

现代指南针

▲磁石

　磁铁矿是一种常见的铁矿，也是一种天然具有磁性的矿石。它在地下被地磁场磁化。磁石是一种永磁体，不会失去自身的磁性。而暂时磁铁，如铁片，移出磁场后磁性就消失了。

◀地磁北极

　指南针是一种用于指示方向的装置，由一个安装在支点上可自由旋转的磁针指示方向。磁针与地球磁力线相吻合，这样它的尖端总是指向磁极位置。中国人在11世纪发明了指南针。中国人的指南针指向地磁南极。而欧洲人和阿拉伯人更习惯于指向北极的磁针。

吸附住铁屑的磁石

指南针导航

　公元前4世纪，古代中国人就发现了磁石的特殊性质，但是直到11世纪才发现可以利用磁体使细小的铁或钢针带有磁性，从而发明了指南针。欧洲人和阿拉伯人在100多年后也分别发现了这一现象。

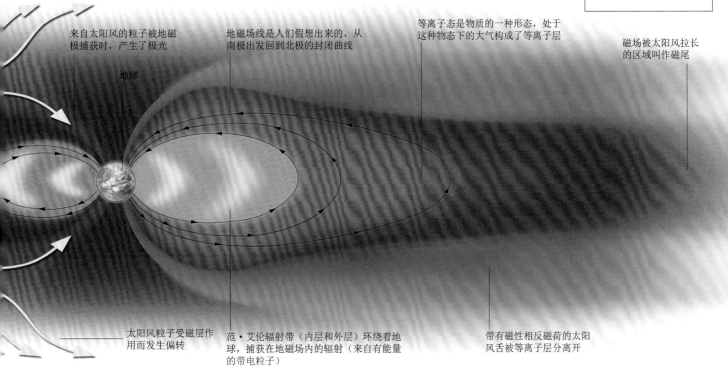

来自太阳风的粒子被地磁极捕获时，产生了极光

地球

地磁场线是人们假想出来的，从南极出发回到北极的封闭曲线

等离子态是物质的一种形态，处于这种物态下的大气构成了等离子层

磁场被太阳风拉长的区域叫作磁尾

太阳风粒子受磁层作用而发生偏转

范·艾伦辐射带（内层和外层）环绕着地球，捕获在地磁场内的辐射（来自有能量的带电粒子）

带有磁性相反磁荷的太阳风舌被等离子层分离开

红海龟迁徙路线

　红海龟可以利用地球的磁场在大西洋中判断方向。在佛罗里达州产卵之后，红海龟又会爬向大海。它们中的大多数在今后的几年里都在随着洋流前行。对磁场的感知帮助它们不受流向东北方的洋流干扰，而是保持向南方的非洲海岸前行，直到成年时返回佛罗里达沿海繁殖下一代。

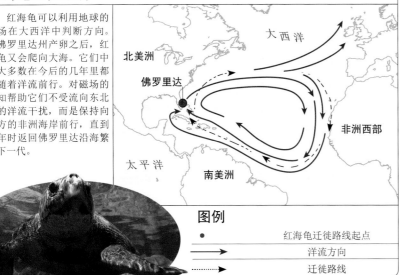

大西洋

北美洲

佛罗里达

非洲西部

太平洋

南美洲

图例

● 　红海龟迁徙路线起点

→ 　洋流方向

-----→ 　迁徙路线

▲搁浅的鲸

　鲸经常单独或成群结队地在海滩上搁浅。有一种理论说，它们在迁徙过程中会利用对磁场的感知来导航，但是这个系统有时却让它们"误入歧途"。虽然尚未有相当确凿的证据，但是1980年的一项调查研究显示，长须鲸会在弱磁场中丧失方向感。失去方向感的长须鲸会判断错误，游向突然出现的障碍物，如低浅的沙滩上，导致搁浅。

地球与生命

生命活动依赖于以各种形式存在的水。地球是已知唯一存在液态水的星球，也是唯一已知有生命活动的星球。地球温度十分适宜，使水能以各种形式储存在大气、海洋、土壤和冰盖中。在地球的表面是一层生命体活动的区域，叫作生物圈。整个生态系统包括所有的动物、植物、微生物和真菌等及其他构成生态循环的无机物。

蓝色星球▶

从太空中看，地球是一个闪光的蓝色行星，水泽广阔，云雾缭绕——那是我们宝贵的大气层。形成大气层的主要气体——氮气和氧气，被重力所吸引，停留在距地球表面 50 千米内的空间里。原地。它们形成一个很薄的气层，像在地球表面套了一层膜。

太阳▶

要维持生命，仅有水分是不够的，来自太阳的能量也是必需的。植物利用日光进行光合作用，这个反应把二氧化碳和水转化为营养物质。地球的大气层能够阻挡有害的太阳辐射到达地表，同时也吸收充足的光和热来维持生命活动。

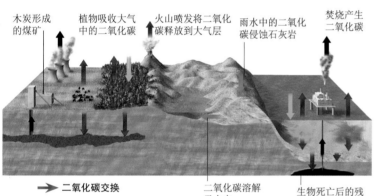

木炭形成的煤矿　植物吸收大气中的二氧化碳　火山喷发将二氧化碳释放到大气层　雨水中的二氧化碳侵蚀石灰岩　焚烧产生二氧化碳

➡ 二氧化碳交换
➡ 光合作用
➡ 风化侵蚀
➡ 人类干预的碳循环

二氧化碳溶解于水中

生物死亡后的残骸中的碳元素形成石油和天然气

◀碳循环

除了水以外，有机化合物（有碳元素的化合物）是形成生命的最重要的物质。地球的碳储藏在石头、土壤、水分和大气中，也存在于动、植物组织中。它很轻松地从一种形式转化为另一种形式，然后立即被生物圈的所有成员吸收。

◀海洋

海洋中的咸水占地球水量的 96.5%。剩下的 3.5% 是淡水（几乎不含盐分），相当于总水量的 1.7% 的淡水以极地冰盖的形式存在，另有几乎等量的淡水存在于陆地表面（河流与湖泊中）。极少的一部分水在大气层中游荡。水对我们至关重要，它在我们身体中占据了约 60% 的体重，任何生命活动都有水参与。

植物的蒸腾作用（水从它们的叶子表面蒸发散失）使它们释放水分

风将水分以云的形式输送到内陆地区，以雨、雪形式形成降水

河流与小溪流回海洋中

◀水循环

由于太阳能的作用，水在地球上一直是在运动变化中的。它从海洋里蒸发，通过风向内陆输送水汽，然后形成雨、雪降下。之后，有些水分流过地表形成了河流、湖泊，将水分还给海洋或大气。降水的很大一部分下渗被土壤吸收，储存于巨大的地下水系统。

生物群系

生物圈并不是均匀地分布在地球表面的。日照、温度、降水量、地貌、海拔、大气和海水流动等因素各不同。多种多样的条件创造了多姿多彩的气候，每种气候条件下都有独特的生命形式组合。科学家把这些组合分类编组，称作生物群落，其中的一些如下所示。

	极地
	草原
	温带森林
	热带森林
	沙漠
	湿地
	珊瑚礁

森林▶

从温暖潮湿的热带到寒冷的北方，树木能适应多种多样的气候。今天，森林覆盖了地球陆地面积的1/4。森林作为多种生物群落中最肥沃的部分，是世界上至少一半物种的栖息地。森林生产地球上几乎一半的有机物，储藏了地球上一半的碳元素。森林能有效防止水土流失。森林堪称"地球之肺"，因为它们将大量二氧化碳转化为氧气，从而维持大气的碳氧平衡。

沙漠▶

全球最干旱的地方是沙漠。有的沙漠气候炎热，有的终年温度很低——甚至低于冰点，但是它们都很干燥。然而尽管如此，生命还是能适应如此恶劣的条件。植物能够长出很长的根从而获取地下很深地方的水分，或者长年累月地处于不活跃状态直到突然短暂的降水允许它们开花结果并播下种子。沙漠动物为了躲避烈日，一般情愿在夜间活动。沙漠的生态系统非常脆弱，牲畜的过度放牧可能使北非和中亚地区的沙漠面积不断扩大。

草原▶

草原上的降水过少，不足以支持一片森林的形成，但是足以让草类和灌木生长繁茂。这里的植物习惯了贫瘠的土壤、频繁的干旱和火灾。草原包括干草原、灌木草原和低树草原。北非的热带稀树草原上，在低矮的草覆盖的陆地上有零星分布的树木，这里是许多种类的食草动物和食肉动物的栖息地。地中海沿岸的灌木草原的形成则是由于那里湿冷的冬季和干热的夏季。

极地▶

极地是地球上最冷的地方。南极大陆和大块陆地被南半球风暴频繁的海洋分隔开来。那里是几乎没有生命生存的荒原，冰封雪盖。北冰洋有着较为温和的气候，尤其是夏季，苔原上生机勃勃。两极地区的海水含氧量都很高，供养着多种多样的生物群体。

地球的年龄

我们生活的地球年龄超过 46 亿年。我们是如何知道的？地质学家研究岩石来推测远古时期所发生的事情。他们以重大的变化为标志将地球漫长的历史分为几个阶段，将其列出就构成了地质年代表。地质学家利用这个表去比对他们的地质发现，从而增进对地球的了解。

◀钾－氩年代测定

放射性年代测定来估测岩石的确切年龄。岩石里的一些元素具有放射性：它们分裂并形成其他元素。例如，钾-40 衰变形成氩-40。地质学家知道钾衰变的速度，所以就可以利用岩石中钾元素的含量来估测岩石的年龄。

早期生物

大约 5.41 亿年前，根据那个年代化石的多样性判断，那时起地球上的生物突然繁盛起来。生物第一次有了硬的甲壳，这既有利于它们存活，同时也提供了更好的化石标本。这张图片上是一只寒武纪时期的三叶虫，沉入海底并形成化石，三叶虫被称为海底的清道夫。

藻类化石

现在我们所知道的最老的生命形式是微小的单细胞结构，例如细菌和藻类。如果你想要观察这块发现于北美、属于前寒武纪、距今20亿年的藻类化石，你还需要配备一台显微镜。

▲火山——生命的开始

最初，地球表面太过炎热，使得地表的一切都是液体。随着温度的降低，岩石变得坚硬起来。火山喷发出岩浆和气体，包括二氧化碳、氮气以及水蒸气。由水蒸气带来的降水形成了海洋，二氧化碳溶解于海洋。从这里，第一个能将二氧化碳转化为氧气的生命形式诞生了。

▲叠层石

叠层石是由藻类的尸体构成的像席一样的薄层。藻类在浅水菌落群中生长，吸收太阳光来产生能量。叠层石是一种古老的化石，在35亿年前的岩石中被发现。现在，在澳大利亚以及北美洲还存在仍在生长的现代叠层石。

宙	前寒武纪——最早的陆地						
代		古生代——古代生物的时代					
纪	前寒武纪	寒武纪	奥陶纪	志留纪	泥盆纪	石炭纪	二叠纪
世						密西西比亚纪 / 宾夕法尼亚纪	
	46 亿年前	541 百万年前	488 百万年前	444 百万年前	416 百万年前	360 百万年前 / 318 百万年前	299 百万年前

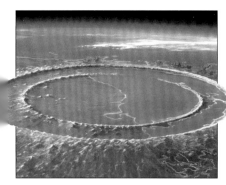

◀陨石坑

大约在 6500 万年前，在地球的历史上发生过一次生物大灭绝事件，事件是由一颗巨大的陨石撞击在墨西哥尤卡坦半岛造成的。撞击造成火山爆发，产生的火山云遮天蔽日，持续数年之久，地球生态遭受严重毁坏，植物相继死亡，恐龙时代因此走向灭绝。

◀猛犸象

这个藏有猛犸象的冰块是于 1977 年在西伯利亚挖掘出土的。这不是化石，而是一头保存完好的猛犸象尸体。冰的包裹使它避免了腐蚀的命运。猛犸象在外观上酷似大象，比大象有更多的毛和较小的耳朵。它们在北部的草原上自由地生活到 1.1 万年前，由于气候的变冷和人类的捕杀而灭绝。

化石的记录

化石是了解地球历史的重要记录。它让我们能够研究很久以前就灭绝的生物。不同的岩石层包含有不同的化石，科学家们据此来推断地球是怎样演化的。这位科学家正在美国西南部挖掘一块恐龙化石。

现代人头盖骨

在非洲发现的类人头盖骨以及脚印大概可以追溯到 450 万年前。这些化石让我们推断得知，我们的祖先比较矮，像猿一样用后腿行走。现代人类——智人出现在 130 万年前。如果把地球演化的历史浓缩到 24 小时，那么人类在这一天距离午夜零时来临还有 6 秒钟时才出现。

▲侏罗纪蕨类植物

蕨类植物有距今 3 亿多年的历史。这个位于华盛顿州的树林有许多像侏罗纪时代的蕨类植物。那时恐龙从这些蕨类植物旁缓慢走过。这些蕨类植物树种为锥形。在侏罗纪时代，植物是不会开花的。

▲食草类哺乳动物

恐龙灭绝之后，哺乳动物便占据了统治地位。它们自 6500 万年前的新生代开始繁盛，并延续至现在。它们生活在凉爽并且有着开花植物和青草的世界。各种新出现的哺乳动物进化到适应广阔的平原上生活，有着可用于切割和磨碎植物的牙齿和用来奔跑的腿。

显生宙——有大量生物存在证据的时代

中生代——爬行动物占据统治地位的时代				新生代——哺乳动物占据统治地位的时代							
三叠纪	侏罗纪	白垩纪		古近纪			新近纪		第四纪		
		早期	晚期	古新世	始新世	渐新世	中新世	上新世	更新世	全新世	
251 百万年前	206 百万年前	145 百万年前	100 百万年前	65 百万年前	55 百万年前	34 百万年前	23 百万年前	5.3 百万年前	2.59 百万年前	1.17 百万年前	现今

地球内部

地球由不同的层构成，这些分层形成于这颗星球产生初期，那时气候异常炎热。大致的分层是中心的地核，其外是地幔，最外层是地壳，也就是我们居住生活的地方。地球至今也依然很热，热量使其内部有着流动的熔岩层，使得板块——岩石圈破碎形成的分块——在其上滑动。地球保持运动的证据存在于地表：运动的板块导致火山爆发还有地震。事实上，正是通过研究地震时的震动，科学家们才发现了地球的分层结构。

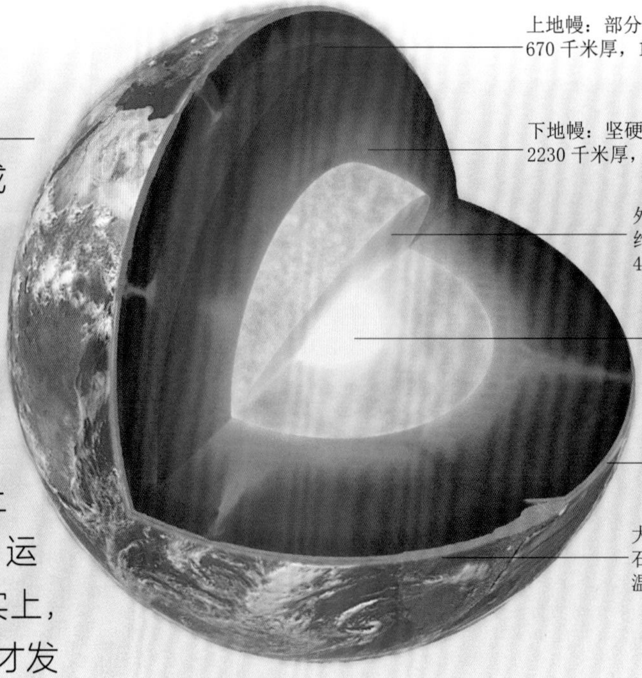

上地幔：部分熔化岩石，670千米厚，1000℃

下地幔：坚硬的固态岩石，2230千米厚，4000℃

外核：液态金属，约2250千米厚，4000～6100℃

内核：固态金属，约2440千米厚，6100～6800℃

大洋地壳：固态玄武岩，8千米厚，温度最高达1000℃

大陆地壳：各种固态岩石，最厚处达70千米，温度最高可达1000℃

▲地球分层

地球形成之初就是一个炙热的气体与尘埃的熔融物。较轻的物质漂浮在表面并冷却下来形成地壳。较重的物质，诸如铁和镍，沉至地核。风化层有着类似于玄武岩的组成。上地幔接近熔点并缓慢移动。更深处的压力更大，使得下地幔较为稳固。与此相类似的，金属在外地核熔化，却在内地核因巨大的压力而成固态。

▼地壳景观特征

岩石圈是地球的刚性外壳，由地壳和上地幔组成。岩石圈断裂成许多独立的板块，地球内部最深处的热量使得地幔内部形成了岩浆流，使得其上的板块能朝不同方向滑动。在有些地方，这些板块相互撞击；在另外一些地方，它们相互摩擦或相互远离。

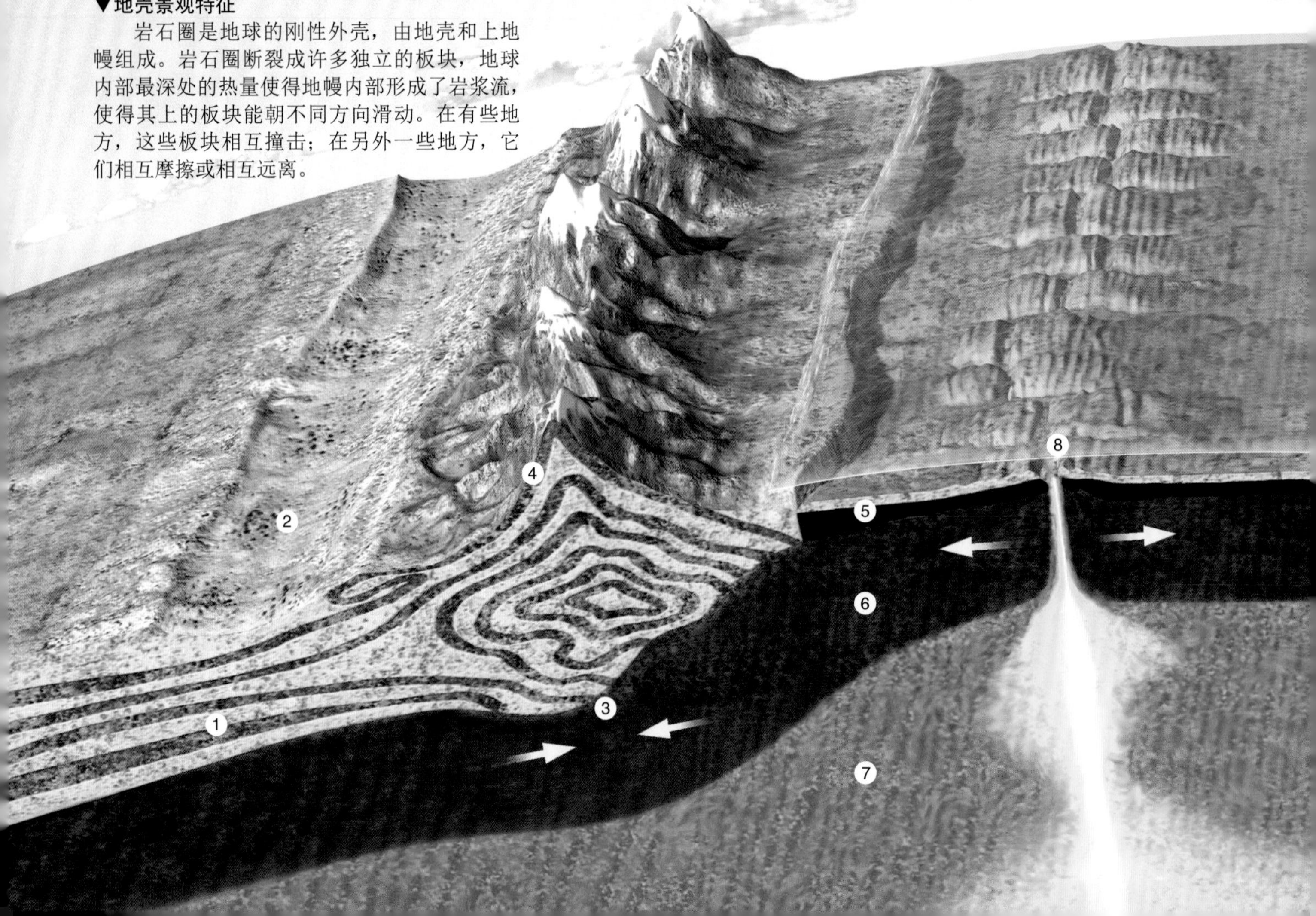

熔融的铁（地核）

至今为止，尚未有人研究过地核的样本，但人们推断，它大部分是由铁并伴随着少量的镍金属组成的。这两种金属都非常致密并且厚重，它们在地球形成的历史上都早于其他金属发生了沉降，并组成了地核——地球最早形成的层。今天，地球高达35%的成分是由铁组成的。热量和地球自转使得熔融的铁在外地核形成旋涡，也使得地球形成了磁场。

橄榄岩（地幔）

橄榄岩是主要由橄榄石以及辉石组成的深黑色、厚重的火山岩。这种岩石的样本曾在火山爆发中从地底深处被喷射出来。它说明了地幔是由橄榄石以及其他含有镁、铁、硅的矿物。科学家曾经在实验室中挤压橄榄石，在显微镜下发现橄榄岩极为细小精细的结晶。这一晶体结构在压力下变得更为坚实。

玄武岩（地壳）

玄武岩是一种结晶程度不一、厚重的火山岩。地下岩浆从地幔喷出，填充进离散大陆边界间的海沟，这样就形成了玄武岩。它是地球表面最为常见的岩石。玄武岩可以被喷射出，形成陆地（如图所示形成圆柱状玄武岩），但它也可以形成大洋地壳。没有任何部分的大洋地壳超过20亿年历史，因为这种岩石在消亡带中被不断地消耗掉。

地球地壳的特征

①　**大陆地壳**：由多种岩石组成，比大洋地壳厚。

②　**盆地**：位于被抬高的地域之间，并填充有沉积物。

③　**汇聚大陆板块**：地壳沿着断层堆积。

④　**上升的山脊**：大陆汇聚使岩石隆起形成高大的山脊。

⑤　**大洋地壳**：由坚硬的玄武岩组成，比大陆地壳薄许多。

⑥　**上地幔**：部分熔融，其上部固体部分同地壳一起构成岩石圈。

⑦　**下地幔**：诸如橄榄岩般固态、致密的岩石在上地幔中形成。

⑧　**大洋扩散板块**：随着它们运动分离，岩浆上升形成大洋中脊。

⑨　**地幔热点**：在由火山构成的小岛上，熔岩喷出地幔的点。

⑩　**海沟**：由于较重板块下沉至较轻板块之下，在消减区形成。

⑪　**消减区**：在板块汇聚处，由于一个板块下沉至另一个之下所形成。

⑫　**复合火山**：在消减区，由从地幔喷射出的岩浆组成。

⑬　**裂谷**：地壳被分离，之间的陆地下沉，形成了裂谷。

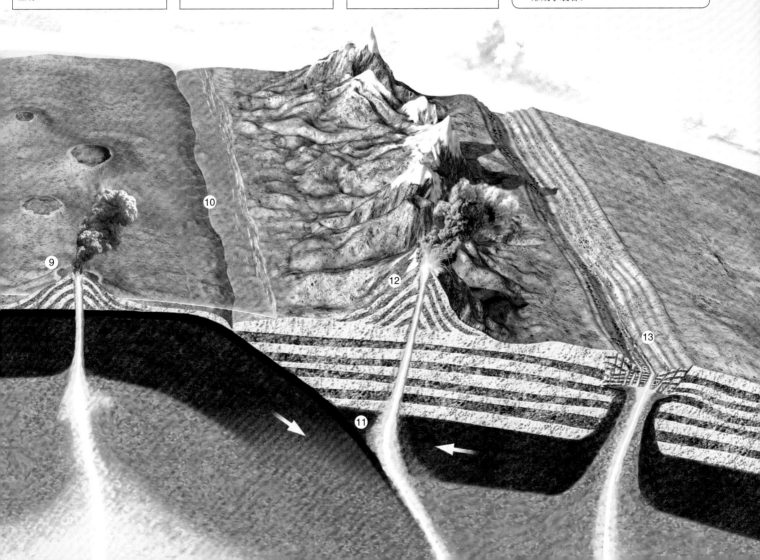

板块运动

我们脚下的地球从未停止过运动，其坚硬的外壳——岩石圈，组成了地壳以及最坚硬的上地幔最上层。整个岩石圈断裂成近 20 个大的板块，漂浮在上地幔中半融化的部分——软流层上。描述地球板块运动的学说叫作板块构造学。大洋表面以下的板块虽然厚度相对较小，但都是由密度较大的物质所构成的；与此相对，大陆板块虽厚度较大，其构成物质却相对较轻。有些板块滑动到相邻的其他板块之上，有些聚集挤压，有些相互分离。在板块相遇的边界，产生了许多有趣的地质现象，诸如山脉、火山、海沟以及地震。

▼板块的聚合：喜马拉雅山脉

　　位于亚洲南部的喜马拉雅山脉是由板块聚集碰撞形成的。大约五六千万年前，印度洋板块向东北方向运动与欧亚板块相撞。如果是厚重的大洋板块，就将会俯冲到在欧亚板块之下，然而由于两个板块均为大陆板块，它们都具有厚而轻的性质，致使两者中任一个都不可能俯沉入另一个之下。于是印度洋板块的北面隆起，形成了今日的喜马拉雅山脉。

由两个大陆板块汇聚隆起的山脉

欧亚板块　　印度洋板块

板块边界

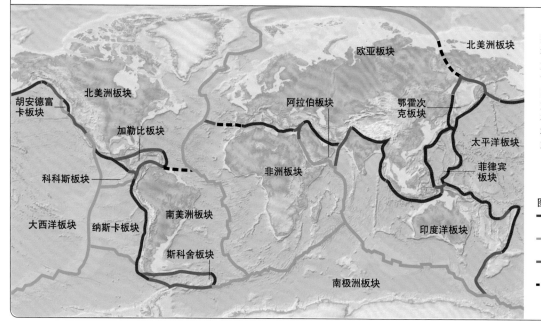

北美洲板块　胡安德富卡板块　加勒比板块　科科斯板块　大西洋板块　纳斯卡板块　南美洲板块　斯科舍板块　欧亚板块　阿拉伯板块　非洲板块　北美洲板块　鄂霍次克板块　太平洋板块　菲律宾板块　印度洋板块　南极洲板块

　　板块边界分为三种类型：汇聚型边界、离散型边界和转换断层。板块边界是最容易发生地震的地方，尤其是汇聚型边界和转换断层，经常会发生强烈的地震。大西洋沿岸的汇聚型边界也有许多火山存在。大多数的离散型边界沿着大洋中脊，在那里，从地幔涌出的玄武岩岩浆将它们所留下的沟壑填充，冷却后就在洋底形成了新的地壳。

图例
—— 汇聚型边界
—— 离散型边界
—— 转换断层
---- 尚未明确的边界

◀离散型边界

从大约 5000 万年前非洲板块和阿拉伯板块分离开始，红海就开始成为东亚和阿拉伯分隔处。随着板块的分离，厚重的岩层滑落进断层，从此以后，这个裂缝就被海水注入，从而使红海裂谷与印度洋中部的海岭相连。

被分离开的板块

从地幔涌起的岩浆

◀汇聚型边界

南美的安第斯山脉是由于消亡运动（大洋板块于汇聚边界俯冲到大陆板块之下的现象）而形成的火山山脉。在纳斯卡板块伸入南美洲板块之下的过程中，它也慢慢沉入地幔，致使部分上层地幔熔化形成岩浆；而岩浆上升冲出地壳则形成了火山。

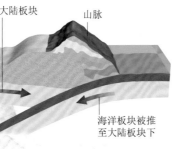

大陆板块　　山脉

海洋板块被推至大陆板块下

转换断层▶

在美国太平洋海岸的圣安德烈斯大裂谷是一处典型的转换断层。岩石的摩擦导致两个相互滑动的板块——太平洋板块和北美洲板块长时间地固定在一起。随着两板块间的张力逐渐增大，它们滑动过程中突然性的运动便会引发巨大的震动，于是产生地震。1906 年，在这个裂谷发生了一次巨大的地震，那次所引起的大火甚至吞噬了旧金山的市中心。

两板块摩擦滑过产生地震

运动的大陆

德国地质学家阿尔弗雷德·魏格纳（Alfred Wegener，1880—1930）是第一个提出板块运动学说的人。他发现南大西洋两岸的海岸线十分相似，并认为大片陆地的边沿可以像拼图游戏一样的接合。然而他的观点直到 20 世纪 60 年代才被人们广泛接受。

盘古大陆（又称泛大陆）

从 35 亿年前大陆板块形成的时候，它们就开始运动，并不断结合、分离，重塑海洋。阿尔弗雷德·魏格纳所发现并比喻为拼图的陆地被命名为盘古大陆，它展现了 2 亿年前早期恐龙生活的时代大陆的形态。

大陆漂移

1 亿年以后，盘古大陆分裂成几部分：离散的板块分开形成了大西洋。南美洲向西部漂移；南极洲离开非洲东海岸向南极漂移；印度向东北方的亚洲漂移。

当代地球

现在的地图上显示的印度是在它与欧亚板块碰撞之后的样子。格陵兰岛从北美洲分离，北美洲与南美洲有陆桥连接。澳大利亚漂移至太平洋。由此看出，在前后的 1 亿年中，我们的地球完全可以被描绘成截然不同的两幅地图。

断层中的证据▶

岩石为地球的板块运动理论提供了证据。舌羊齿，作为一种植物的化石曾发现于印度、澳大利亚、非洲以及南美洲等地。在舌羊齿生存的年代，大约 2.5 亿年前，这些现在远离的陆地，当时一定是彼此紧密连接的。同样，生活于 2.8 亿年前的中龙（Mesosaurus）——一种淡水两栖动物的化石在非洲以及南美洲的大西洋海岸均有发现。

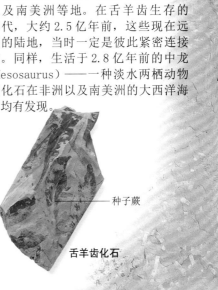

中龙化石

种子蕨

舌羊齿化石

火山（一）

地球表面约五分之四由火成岩组成。岩浆及地壳中熔化了的岩石穿过上层地幔涌出地表，之后冷却、变硬，成为火山岩。地球很活跃并不断变化着，火山的存在就是这一说法的有力证据。火山最常见的地方是构造板块的交界处——在两块大洋板块相互分离的地方，相对平和的喷发造就了洋底长长的火山脊；而在大洋板块向其他板块下方俯冲的地方，则会形成一连串由岩浆固结形成的岩石以及火山灰堆积而成的锥形复式火山。这种火山的喷发极具爆炸性，能够导致极为严重且范围广大的破坏。

复式火山▶

岩浆从裂缝中涌出形成了火山槽，火山下部的压力将岩浆推至表面，完成喷发。含气体和硅质物较少的熔岩十分松软，喷发时如同奔腾的河流；而含硅和气体特别多的熔岩则较为黏稠，通常以爆炸性方式喷射出来。这些喷射物中带有大量火山碎屑（粉碎成微粒的岩石和玻璃状火山岩的碎片）以及大块的熔岩。能够喷发出岩浆岩原料和熔岩的烈性火山被称为复式火山。

全球火山活动分布图（著名的火山）

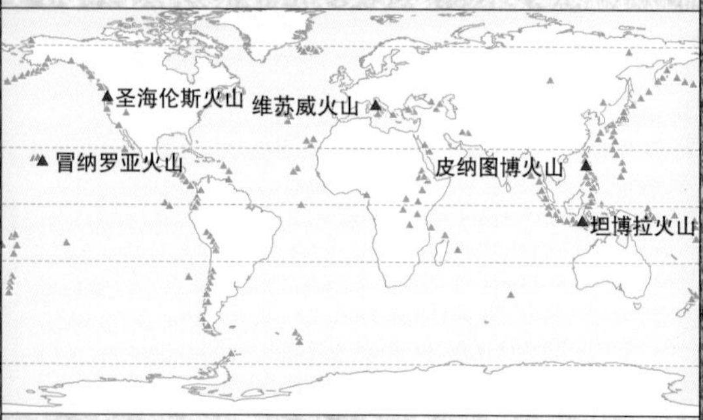

圣海伦斯火山　维苏威火山▲
▲冒纳罗亚火山　　　　皮纳图博火山
　　　　　　　　　　　　▲坦博拉火山

名称	重要喷发时间	地点
冒纳罗亚火山	处于活跃状态	美国夏威夷
皮纳图博火山	1991 年	菲律宾吕宋岛
圣海伦斯火山	1980 年	美国华盛顿州
坦博拉火山	1815 年	印度尼西亚巽他群岛
维苏威火山	公元 79 年	意大利庞贝

▲ 圣海伦斯火山，美国华盛顿州

　　1980 年，美国的圣海伦斯火山剧烈喷发。3 月时，这个古老的复式火山就已显现出喷发的征兆，当地也出现一系列地震。5 月 18 日，一次地壳震动引发了山体滑坡，圣海伦斯火山的"怒火"由此触发——接近 1 立方千米的岩石被抛到空中。火山爆发后，这座山峰被削低了 400 米。

盾形火山：稀松的熔岩造就平缓的山坡

▲ 冒纳罗亚火山，美国夏威夷

　　夏威夷的冒纳罗亚火山是世界最高的火山，海拔 4169 米。由于太平洋板块经过一个固定的"热点"而形成的火山群，组成了长链一般的夏威夷群岛（多数是在水下），横贯太平洋，绵延可至 2400 千米之长。冒纳罗亚火山是一个盾形火山，反复的软黏熔岩喷发形成了坡度缓和的火山坡。与复式火山不同，这种盾形火山很少剧烈喷发。

10

9

裂隙喷发：熔岩从地壳薄弱的地方流出

4

复式火山

① **软流层**：上层地幔的下部层，包含半熔化的岩石。

② **岩石圈**：地球的坚硬表层，包括上层地幔的最外层和地壳。

③ **岩浆房（腔室）**：地壳中由岩浆涌上来并充满岩浆的"储藏室"。

④ **深层岩体（侵入岩）**：埋藏较深的大量岩浆岩。从前曾经作为岩浆房中的岩浆冷却变硬后的产物。

⑤ **岩管（岩筒）**：竖直穿过岩石层的通道，是岩浆到达地表的路径。

⑥ **层状火山锥**：以前喷发的熔岩和火成物质的堆积。

⑦ **火山口**：地表的开口，火山物质从这里喷射而出。有些火山有许多个喷口。

⑧ **火山碎屑流**：炽热而致命的火山碎屑似尘、似云，从火山山坡上急速流下。

⑨ **熔岩流**：喷出地表丧失部分气体的岩浆，冷凝后称为熔岩。

⑩ **破火山口**：当岩浆喷口的内壁崩塌后（常常是在一次剧烈的喷发之后）形成的大坑。

▲ 火炉峰，留尼旺岛

　　留尼旺岛上的火炉峰是一个玄武岩火山，由一个"热点"形成。作为地球上最活跃的火山之一，它几乎每两年就喷发一次。留尼旺岛是一个巨大洋底火山的山尖，而造就这个火山的"热点"就位于印度洋底留尼旺岛与马达加斯加岛东海岸遥遥相望。火炉峰在喷发的时候，侧翼的裂隙上的气孔通常被气流冲开，流出滚烫而红热的液态熔岩流；发黑的硬质熔岩则在其后缓慢流涌出来。

火山（二）

有些火山的喷发是熔浆、气体、灰尘物质的剧烈爆发。夏威夷群岛上的火山喷发时会形成巨大的喷泉和奔流熔浆，但是却只引起较小的损失。是什么在火山里安放了"炸药"？答案就藏在熔浆中。熔浆作为一种易爆物质，也被称作流纹岩质或安山岩质熔浆，它们非常炽热而黏稠，并且可能含有大量挥发物（溶解的气体）和硅质。夏威夷岛上的熔浆是玄武岩质的——它们稀松、滑软，只含有较少的气体和硅质，因而造成的破坏也相对较小。

西西里岛埃特纳火山的斯特隆博利型喷发▲
这种喷发是指火山反复将流体形态的熔浆喷入空中，其命名自西西里岛旁边斯特隆博利岛上的活火山。火山释放的气体，比如水蒸气和二氧化碳，被称为火山挥发气。当岩浆还在地下很深的地方时，压力将挥发气保持在溶解状态；随着岩浆上升，压力减小，气体像打开一瓶碳酸饮料时一样猛地挥发出来——翻滚冒泡的挥发气将岩浆冲散，并从火山口喷发出来。

▼基拉维亚火山口的熔岩湖，夏威夷
基拉维亚火山是世界上最活跃也是被人们研究最多的几座火山之一。它是一座典型的盾形火山，频繁却不激烈的玄武岩质熔浆常年喷发——经常是山坡和山口多个喷口同时喷发——形成了低矮的圆锥形岩层，也就是人们看到的它的外表。玄武岩质熔浆经常能在固化前流动很远。作为流体的熔浆，其活动常与大洋板块运动以及"热点"活动有关，夏威夷群岛底部也是如此。

火山坑（下沉的破火山口）填满了熔化的玄武岩质熔浆

玄武岩质熔浆含硅较少，但是温度极高

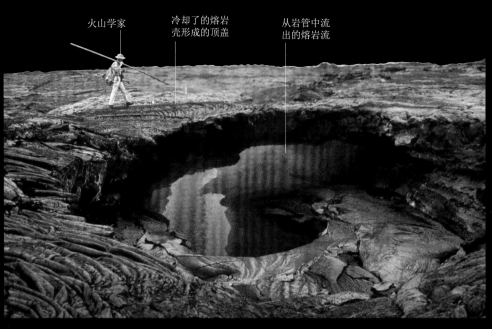

火山学家　冷却了的熔岩壳形成的顶盖　从岩管中流出的熔岩流

▲夏威夷的有顶岩管

岩浆管由极热的软黏熔岩形成，经常是玄武岩质岩浆。当岩浆经过一个很窄的管状槽时，它表面的皮层可能硬化成为顶盖一样的物质。在这一层盖子下面，一"管"滚烫的岩浆保持着流动状态；当然，这个顶盖也有时破裂，例如夏威夷群岛上的这个有顶岩管——当熔岩管流干的时候，它们就成了火山洞穴，同时也是探险家喜欢光顾的地方。

纳米比亚的玄武岩柱▶

玄武岩质熔浆有时自然冷却形成多面的柱形体。这张照片展示的是纳米比亚的泰菲方丹的火山岩，由于它们的排列和垂直的形状而被称作"风琴管"。辉绿岩（玄武岩的一种）柱体是大约1.2亿年前形成的。这种极具特色的玄武岩柱在爱尔兰北海岸（"巨人堤"）和冰岛也能看到。

玄武岩质熔岩的类型

枕状熔岩

海底火山喷发时，经常在海床上形成枕形熔岩。当流动的熔浆接触冷海水时，立即形成厚厚的一层壳，使得每个"枕头"里的熔岩都相对更慢地冷却。如果你在陆地上找到了这样的枕形熔岩，这个地区以前肯定是在水下的。

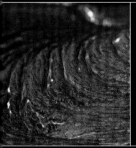

绳状熔岩

夏威夷当地人管"绳结"叫作"帕霍霍"（pahoehoe）。这样的熔浆在夏威夷火山喷发中很常见——流动的熔浆喷发后形成薄层，能够流淌至极为广阔的地区。它形成光滑有弹性的薄皮，当熔化的熔浆流过它下面时被拉伸成绳和绳结一样的叠层状和水滴状。

渣块熔岩

也被称为"啊啊"（ah-ah）熔岩，是夏威夷群岛上另一种常见的熔岩。比绳状熔岩温度要低，但也黏稠且流动缓慢。一层厚的皮层形成后，随着它散发出气体等物质而碎裂。它的大小碎块都有锯齿状的边缘，根本不能光着脚在上面行走。这也许就是为什么它被称作"啊啊"熔岩的原因。

▲冰岛的地热能源

自然形成的温泉在多火山的地区很常见，那里的地下岩浆湖离地表较近。随着水渗到地下很深的地方，它被岩浆和极深的地底的高压加热。接着水被汽化，从地表滚烫的喷泉（被称为间歇泉）里射出，或者沸腾着流入富含矿物质的湖泊里。这些湖在冰岛既是地热能源站，也是人们休闲放松的天然温泉

火山（三）

今天，几乎有 5 亿人生活在火山地区。而生活在这里，意味着人们时时刻刻都有被火山喷发或其他后续灾害杀死的危险。那么他们为什么还待在这里？原因有很多，其中一个就是这里拥有肥沃的土壤——火山灰能让耕地富有肥力，益于农业生产；同时，火山在喷发之前很可能有很久的休眠期，不会打扰当地人的生活。即使这样，科学家也在谨慎关注着火山，警惕着其危险的信号。火山喷发后好多年它都可能是泥石流等地质灾害的源头，而这种泥石流在近 300 年来已经使接近 25 万人丧命。

▲维苏威火山

这是今天繁华忙碌的那不勒斯港，天边就是阴森森的维苏威火山。这座火山于公元 79 年 8 月 24 日，有过一次爆发。岩浆碎屑流（巨量的尘土和气体）沿着山坡滚滚而下，将古罗马的两座城池——庞贝和赫库兰尼姆彻底掩埋。因为这之前这座火山已经沉睡了好几个世纪，居民对火山喷发毫无防范和准备，数千人丧生，多数因为高温窒息。维苏威火山下一次的喷发可能殃及的规模可达 300 万人之多。

▲庞贝

在庞贝，有 2000 人被厚达 30 米的火山灰活埋。这些火山灰固化为浮石，保留了遗体的形状。向这些遗体形状的空穴中浇注石膏铸成的塑像展示了遗体主人生前最后的一刹那。

▲印度尼西亚

火山灰其实根本不是灰尘，而是石头和玻璃质的细小碎片而形成的粉末。一次火山喷发后，它成层地落下，使土壤肥沃起来。印度尼西亚的火山周围的土地一直被用来种植稻米和其他农作物。火山就在繁忙的空中航线下面，飞机如果不慎飞入火山喷发造成的火山灰中，它的引擎会遭受极大损坏。

火山时间线▶

科学家将火山喷发的烈度按照一个叫作火山喷发烈度指数的量度标准来分级。幸运的是，能造成 8 级甚至更高烈度的超级火山极为罕见。最后一次 8 级甚至更强喷发发生在大约 74 000 年前的苏门答腊岛。

火山喷发烈度指数的分级：

⑦	⑦	⑥	⑦
克雷特湖，约公元前 4895 年	琉球群岛，约公元前 4350 年	锡拉岛，约公元前 1390 年	维苏威火山，公元 79 年

▲全球太阳镜

1991 年，皮纳图博火山的爆炸式大喷发是 20 世纪最大的火山爆发之一。这张卫星照片显示赤道附近有大量的碎屑悬浮在空气中，它们是两个月前被喷射到大气层 30 千米高处的。它们反射太阳光，令全球温度平均下降了 1℃。

▲地动仪

科学家树立起地动仪，用来测量地震和火山活动引起的地表震动。现如今，地壳运动学家监视着繁忙的空中航线（比如阿拉斯加）下沿线可能喷发的火山。

▲皮纳图博

这个奇怪的景象是火山灰雨造成的。1991 年 6 月份，菲律宾的皮纳图博火山出现了一场巨大的爆炸，将 5 立方千米的岩石和火山灰抛到空中。这些碎屑一波一波以热灰的形式落回地球。肆虐的降水接着形成了火山泥石流——黏稠的泥土、潮湿的灰尘以及岩石组成的河流。泥石流以每小时 65 千米的速度流下河谷，推倒房屋，造成生灵涂炭的惨剧。

▲火山泥石流

皮纳图博火山地区的降水在 6—9 月十分充沛。1991 年喷发之后连续 4 年，泥石流毫无警告地冲进附近的城镇，造成约 10 万人失去家园。

⑥	⑦	⑥	⑥	⑦	⑦
奥雷法约克火山，1362 年	坦博拉火山，1815 年	喀拉喀托火山，1883 年	卡特迈火山，1912 年	圣海伦斯火山，1980 年	皮纳图博火山，1991 年

地震

地震经常发生于地球板块构造存在异动的交界处，这些异动是构造运动将一侧的岩层推向另一侧所形成的断裂。但是摩擦力使缺口四周的岩层固结并承受压力。当压力变得大于摩擦力时，岩层开始剧烈运动，引起地震。地震的大小取决于释放了多少能量。异动主要有三种形式：平移断层、正断层、逆（冲）断层。

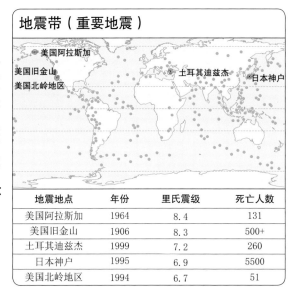

地震带（重要地震）

地震地点	年份	里氏震级	死亡人数
美国阿拉斯加	1964	8.4	131
美国旧金山	1906	8.3	500+
土耳其迪兹杰	1999	7.2	260
日本神户	1995	6.9	5500
美国北岭地区	1994	6.7	51

▲土耳其迪兹杰 1999 年大地震

1999 年，一场里氏 7.2 级的地震袭击了土耳其。狭长地域的异动随着压力的增长产生巨大的地震。位于土耳其的北安纳托利亚地区的水平异动地带长达 1200 千米。从 1939 年开始，该地区发生过 11 次强烈地震。

▲美国怀俄明州大蒂顿山脉

有些地貌是由地震形成的，怀俄明州大蒂顿国家公园的山脉沿着一个板块运动的正断层而形成，在这里岩层被撕裂开。沿着蒂顿断层带东边的岩层向下运动，使另一侧的岩层形成高山。

水平异动带（又称平移断层）

在水平异动带中，地壳于水平方向上做运动。在这条右旋平移断层中，能看到对面的陆地向右边移动。

正断层

在正断层带中，岩石被撕裂时产生地表运动。断层带上方的一侧下沉——通常是以几乎垂直的角度向下沉。

里氏震级

1935 年，美国人查尔斯·里克特发明了能够量度地震规模或振幅的震级。

① 普遍不能被人类感到	② 极少数人有感	③ 造成极轻微损害，有些人有感	④ 绝大多数人有感，造成轻微损害	⑤ 引发具有破坏力的震动

◄ 阿拉斯加州苏厄德大地震

1964 年，阿拉斯加州发生的大地震引发了横贯太平洋的海啸。图中就是海啸发生时，捕鱼船被抛出水中的情景；即使在遥远的加利福尼亚州纽波特海滩上都造成了人员伤亡。巨大海浪的形成，通常是由于洋底剧烈运动，或临近港湾的水下山体滑坡。这些海浪造成了这场地震的巨大的人员伤亡和财产损失。海啸能够以最高 950 千米/时的高速横穿大洋，当它们到达岸边时，能够掀起骇人的、高达 30 米的巨浪。

▲ 洛杉矶北岭地区 1994 年地震

虽然 1994 年的北岭地区地震被认为是较为温和的一次——只有里氏 6.7 级，但却是美国历史上造成损失最严重的地震。它是由于一个强烈逆（冲）断层带的运动造成的。由于建筑严格符合规范，且地震时正处于清晨，人员伤亡被降至最低。

逆（冲）断层

在逆（冲）断层带中，由于岩石被压缩，断层带上方的一侧向上运动。如图，如果断层倾角很小，就被称为冲断层。

口密集区
毁灭性破坏

大型地震，能
引发严重损失

特大地震，能够摧
毁广阔地区的城镇

⑦ ⑧ ⑨

▲ 1964 年阿拉斯加州大地震

1964 年的阿拉斯加州大地震是有史以来记录到的第三大的大地震，震级达里氏 8.4 级，持续时间 4 分钟。在现代地震标量之中，它记录下的瞬时震动标量是 9.2 级。有史以来记录到的最大地震（里氏 8.6 级，瞬时 9.5 级）在 1960 年袭击了智利。

地震探究

　　是什么使得地震具有如此的破坏性？答案是地震波的传递。地震波有几种不同的类型：面波（又称表面波）最具破坏性，沿地表呈涟漪状传播；其他的地震波，如体波，则是沿地球内部传播的。灵敏的震动记录器能够在距离震中很远的地方察觉到地震波，这种记录器被称为测震仪。地震学家仍在研究地球的内部构造以及地震的爆发原因——对于地震爆发原因的深入研究和对其发生时间的预测，毫无疑问，可以在未来的灾难中挽救无数生命。

纵波与横波

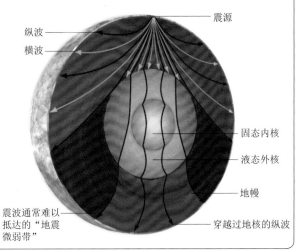

　　地震过程中所传播的体波分为纵波与横波两种形式。纵波的传递就像六角手风琴演奏时的样子，竖直方向上"推拉"震动着地面；而横波则像摇绳子似的，传递着水平方向上的左右"摆动"。由于其传播路径上的地质情况不同（岩石密度不同等），两种波的传播轨迹也都是弧线形的。由于不能穿越液体，横波传递时只能被阻隔在地球外核之外。从地震学家测出的震波传播速度来看，纵波的速度几乎是横波的两倍；同时，科学家们还能够利用地震仪测出地震发生的确切位置。

震源
纵波
横波
固态内核
液态外核
地幔
震波通常难以抵达的"地震微弱带"
穿越过地核的纵波

神户大地震（即阪神大地震）▶

　　1995 年 1 月 17 日，一次猛烈的地震侵袭了日本神户地区。由于日本位于三大构造板块的交界处，所以地震在日本时有发生。然而，神户地区则鲜有地震，整个城市并没有为地震的降临做好准备。例如，神户有些建筑是建在松软而潮湿的沙地之上而非坚硬的岩地上，所以在地震猛烈的晃动下，这些沙石地基就像流水一般垮掉了。这次的神户大地震造成了大约 10 万座建筑物倒塌以及 5500 人死亡。

预测地震

龙首

古老的中国地动仪

　　公元 132 年，中国科学家张衡发明了候风地动仪。这种地震监测器主体呈大缸状，其上安置了八只龙首，每只龙首口中都衔有一颗龙珠，其下方都分别正对着一只张着大嘴的蟾蜍。方圆 640 千米内，一旦任何方向上发生地震，代表该方向的龙珠便会掉落到蟾蜍口中，由此给营救队伍的派出指示方向。

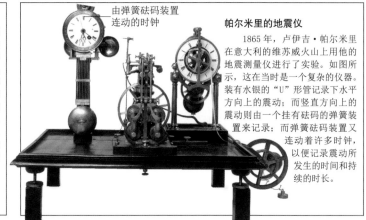

由弹簧砝码装置连动的时钟

帕尔米里的地震仪

　　1865 年，卢伊吉·帕尔米里在意大利的维苏威火山上用他的地震测量仪进行了实验。如图所示，这在当时是一个复杂的仪器。装有水银的"U"形管记录下水平方向上的震动；而竖直方向上的震动则由一个挂有砝码的弹簧装置来记录；而弹簧砝码装置又连动着许多时钟，以便记录震波所发生的时间和持续的时长。

◄土耳其大地震

1999 年 11 月 12 日，一场破坏范围惊人的大地震袭击了土耳其迪兹杰地区，图中向我们展示了地震之后的惨状。而仅仅几个月前，在伊兹米特市及其周围地区也发生了一场地震，导致 18 000 人死亡。土耳其处于地壳上的一条大断层带上，而每一次地球内部压力的释放，都沿着断层传递，并引起新一轮震动。

单位长度表示 5 秒钟

▲神户地震记录图

这就是 1995 年神户大地震时的记录图。横坐标表示时间，每格代表一单位，间隔为 5 秒钟。而表现地震时震动次数的锯齿状的曲线，在纵坐标上的值则需要用毫米来测算。靠左端的锯齿形曲线表示出横波与面波的混杂传递；而最长的锯齿状曲线则表示着一次全部由面波引起的、长达 20 秒的震动。就是这些震波，造成了陆地上最惨烈的地质灾难。

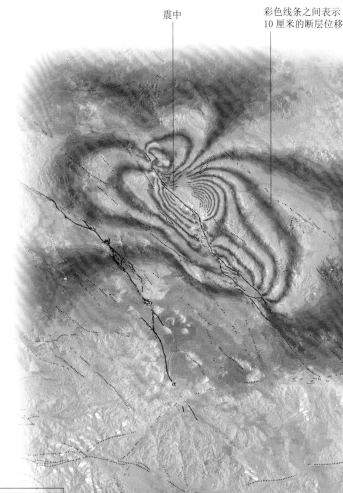

震中

彩色线条之间表示 10 厘米的断层位移

观测站

现代地震学家更为倚重一种钟摆机制来预测地震，其摆锤实际上是由一个弹簧及另一个挂于其上的笨重砝码所组成。在地震时，无论其他东西受到怎样的影响，这个摆锤都能保持岿然不动的姿态。早期的地震测量仪是将一支铅笔固定在静止的砝码上，使其能够在靠齿轮旋转而移动的纸面上，记录下锯齿状曲线。而现在，数据的读取和记录则更多地依赖高精尖的电子仪器。

卫星拍摄的地震图▲

这是一幅彩色的卫星雷达影像图，图中所示为 1999 年美国加利福尼亚州的地震区域。据测量，该场地震达到里氏震级 7.1 级。图中的彩色线条是等高线，每条代表着 10 厘米的地面断层所上升的位移。欧洲遥感卫星系统在这次地震前后都有使用雷达测量法，并且这幅图片中也吸收了一些当时的信息。

圣安德烈斯断层

位于加利福尼亚州西部的圣安德烈斯断层可能是世界上被研究得最为透彻的断层。它属于两个构造板块交界线的一部分，频繁的地震已经在这个地区震动了近 3000 万年了。而圣安德烈斯断层在 1906 年后才逐渐进入科学家们的视线中——那一年的大地震将旧金山化为一片废墟，并卷走了几百条生命。从那时开始，更多的、处于在断层周围的地震都伤及人命。然而，人类也在不断提高自己抵抗天灾的能力，例如修建更为牢固的建筑物等，这样如果再有类似的大地震降临加利福尼亚州的时候，人们会有更充分的准备。

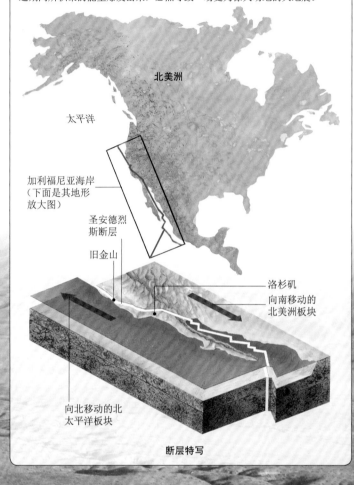

断层线

圣安德烈斯断层沿着加利福尼亚海岸绵延 1300 千米。其下的两个板块以每年 25 毫米的速度向彼此缓慢移动。断层之间的相互移动虽然每次幅度很小，但次数却很频繁，而每次移动都会引起中级烈度的震动。而在交界处其他地区，两个板块则能够和平共处 300 多年；当然，一旦板块彼此滑动，这期间所积聚的能量爆发出来，必然导致一场更为惊天动地的大地震。

北美洲

太平洋

加利福尼亚海岸
（下面是其地形放大图）

圣安德烈斯断层

旧金山

洛杉矶

向南移动的北美洲板块

向北移动的北太平洋板块

断层特写

断层线

▲圣安德烈斯断层
在航测（俯视）图中，圣安德烈斯断层就像横亘在地表的一道惹眼的大伤疤。如果你面对着断层站在地平面上看它，你会看见一条条如犬牙般交错的隆脊与沟谷。无论站在断层的哪一边来看，你对面的地标物都已经从它们原来的位置向右移动了些许。地质学家称这种断层为右旋平移断层。

▲ 1906 年的大火

1906 年 4 月 18 日，一场持续 45 秒钟的地震猛烈地震动着圣安德烈斯断层北端地区，使得断层两边板块彼此移动的相对距离达到 6.4 米。在旧金山地区，由于地震损坏的天然气管道泄漏，在这个城市老旧的木质建筑物中引发了多场大火。大火肆虐地燃烧了 3 天时间，消防员们因为供水系统被地震摧毁而无能为力。

加利福尼亚州所经历的灾难

1933 年的长滩市大地震

灾难于 1933 年 3 月再度降临加利福尼亚州，长滩市发生了一场大地震。在震后营救工作中，消防员们尽力地去扑灭开始于道奇轮胎厂的大火——他们在火海中奋战始终。与 1906 年不同，当时地震引发的大火一点一点蔓延开，直至摧毁整个旧金山；而这次地震之后，隐患都被消防行动迅速地整饬完毕了。

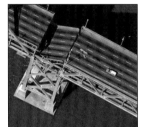

1989 年的桥梁坍塌

1989 年，在旧金山南 100 千米之外的山脉中发生了地震，然而即便如此遥远的距离，也没能让这座城市幸免于难。市内的一座双层汽车高速公路桥梁的上层发生坍塌，直接砸在下层的车辆上。这次地震造成了 60 多人死亡。然而我们也应当认识到，如果没有从之前的地震中得到的教训，那么这次地震所敲响的丧钟将更为长久。

激光监测地壳运动 ▲

研究人员正在调整一个位于加利福尼亚州内华达山脉南部地区的实验性激光装置。该地区的地震活动十分频繁。激光能够监测到地表上的任何（微小）运动。这种系统有希望在某天被运用成为预测大地震的得力工具。空间科学家也通过最新的卫星技术来追踪、记录地球的运动。

◀ 日本古塔

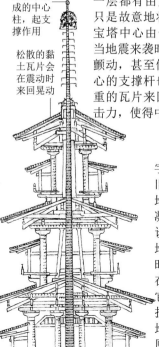

由杉木制成的中心柱，起支撑作用

松散的黏土瓦片会在震动时来回晃动

从 1400 多年前开始，日本人就掌握了建造能够抵御地震侵害的宝塔。宝塔的每一层都有由厚重的黏土瓦片砌成的屋顶，只是故意地将瓦片放置得十分松散；同时宝塔中心由一根坚固的支撑杆固定全塔。当地震来袭时，整个塔身会随着震波摇摆、颤动，甚至倾斜，但绝不会分崩离析；中心的支撑杆也会随着波形弯曲，但屋顶沉重的瓦片来回晃动，相互抵消了震波的冲击力，使得中心杆保持稳固。

泛美金字塔大厦 ▶

金字塔形顶棚能减少对阳光的阻挡，使其下的街道更为敞亮；同时，也使得建筑本身更为稳固

建于 1972 年的泛美金字塔大厦高达 258 米，是旧金山最高的建筑。它的地基深埋地下，以钢筋混凝土结构建立在岩石之上，设计标准是使其能够随着地震波的震动而震动；同时，金字塔的地基是建立在致密的网状横梁上，使它能够应对地震时地面的扭曲式运动。在 1989 年的地震中，使大厦偏移了 30 厘米，却仍然屹立不倒。

造山运动

山脉（包括山系）通常形成于地球构造板块的交界处。最高大的山峰往往在大陆板块挤压，或者地壳叠层堆积的地方拔地而起。板块交界处能够产生绵延数千千米的山脉：最高的、起伏最大的山脉往往是最年轻的——它们所在的板块颇为活跃，使得山脉自身也仍处在不断"长高"的状态中；而年代更为久远的山脉则普遍较低矮，坡度也更趋于缓和。造山运动的关键环节是岩层的形变——包括褶皱（由于压力引起的岩层弯曲）和断层（压力迫使下的岩层断裂）。同时，常见于大陆板块与大洋板块交界处的火山运动，也在造山运动中占据一席之地。

世界山脉分布图

最高峰	所在洲	海拔高度
珠穆朗玛峰	亚洲	8848.86 米
阿空加瓜山	南美洲	6960 米
麦金利峰	北美洲	6195 米
乞力马扎罗山	非洲	5965 米
埃尔布鲁斯峰	欧洲	5642 米

喜马拉雅山脉的卡格贝尼峰▶

喜马拉雅山脉是地球上最大的山脉，世界最高的100座山峰中，有96座都位于其上，其中就包括海拔8848.86米的珠穆朗玛峰。喜马拉雅山脉开始形成于5000万年前的两块大陆板块碰撞——印度洋板块隆起，推动岩层不断升高，直到今天喜马拉雅山脉的高度还在不断增加。

由变形后的沉积岩所形成的山脊

第二个 Z 形褶皱开始形成

第一个褶皱发生更加剧烈的形变

沉积层滑下

利用沙盘模型展示山脉形成的两个阶段

模拟山的形成▶

我们可以用沙盘模型来模拟山体的形成过程。将沙子以不同的色彩分层，放置在一张纸上，并将纸慢慢卷起来；沙子与纸产生了摩擦，随后褶皱便开始形成了。纸卷起得越厉害，形成的褶皱便越大。最终，当挤压下的岩层无法承受更强烈的形变时，就会断开，产生断层。最后形成的这些褶皱断层，形成最年轻的山脉。

沉积岩的简单形变

丘陵地带

加压下破裂的岩层（断层）

重叠的断层和褶皱组成的褶皱山脉

◄内华达山脉

坐落于加利福尼亚海岸的内华达山脉全长565千米，形成于火山活动。太平洋板块与北美洲板块相撞，并俯冲到其下方，挤压地下岩浆向上侵入地壳，并逐渐冷却成一条花岗岩带。断层使这条花岗岩带向西倾斜，形成现在的内华达山脉。

花岗岩的冷却过程极为缓慢，使得其中的结晶物十分粗大，颇为显眼

带状花岗岩▶

花岗岩组成了内华达山脉的山脊。8000万年前这里发生了火山运动，之后的数百万年里，内华达山山脊中其他的火山岩在冰山隆起作用与侵蚀作用的共同消磨下逐渐消失，使山脊的花岗岩核心暴露出来，形成了诸如约塞米蒂谷地一般的壮丽景色。

◄楚加奇山

楚加奇山脉沿着阿拉斯加南部海岸线，绵延起伏达600千米。随着太平洋板块俯冲至北美洲板块下方，沉积岩层从下沉的大洋板块上剥离开，并且折叠、隆起，随后附着在了美洲板块的西侧。

1.8亿年前的鹦鹉螺化石

岩石中的海贝▶

地质学家通过研究化石来了解岩石的形成过程。高山上的古代海贝显示这些岩石来自海底。在大多数山脉的高海拔地区，都发现有水生生物化石的存在。纹理细密的沉积岩是能够最完整地保存化石的岩石之一。

年轻的山峰仍在不断增高

古老的山脉在侵蚀作用下变得平坦

山区的气候条件

▲阿拉斯加的圣伊莱亚斯山

位于阿拉斯加南岸的圣伊莱亚斯山，海拔高达5489米。这座壮观的山体是在板块构造活动中形成的。目前它仍在不断增高，而与此同时，迅速流动的冰川则在不断侵蚀着山峰。

▲美国的阿巴拉契亚山脉

美国东部的阿巴拉契亚山脉的形成时间早于北美大陆和欧洲大陆分开之前；它是世界上最古老的山脉之一。数亿年前阿巴拉契亚山脉曾拥有许多高耸而陡峭的山峰，然而长期的持续性侵蚀与风化将它们磨成了平缓的山坡。

巨大的山脉对当地气候有着显著的影响。举例来说，南美洲的安第斯山脉便如同一个宽大的屏风，挡住了富含水汽的东风。这些山峰对气流的抬升作用，使得湿气在东面的山坡上凝云致雨。与此同时，山脉的西坡仍然保持着干旱气候。同样的，喜马拉雅山脉使湿润的季风在南坡降雨颇丰——印度东北部的一些村庄每年降雨量可达11米以上。

滑坡

　　滑坡作为一种地质现象，是指坡面上大量疏松的岩石或土壤的突然下滑运动。滑坡是由重力作用造成的，而这只是大量地表物质移动方式中的一种。造成地表物质疏松的原因有很多种：坡面过于陡峭、岩石或土壤中吸收的水分过多、风化侵蚀或冲刷作用严重等。而滑坡现象的发生，既有自然因素的作用，如地震等，也有人类活动的结果，如修建公路、采矿掘石等。有些地表物质的移动十分缓慢，以至于鲜有被人察觉；而有的运动却快速而致命，猛烈地侵袭、横扫我们的家园和吞噬我们的生命。

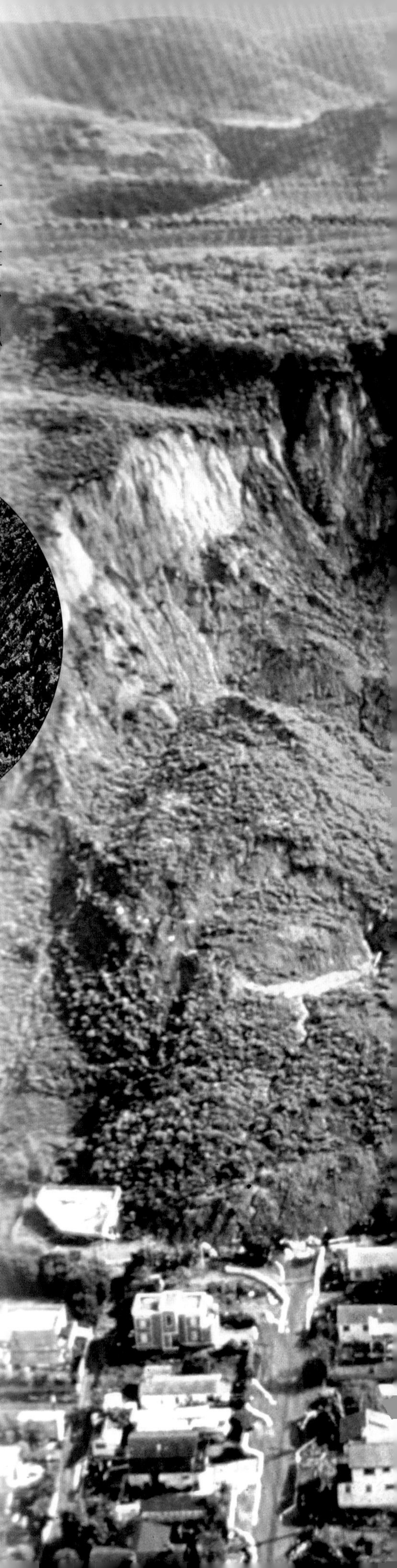

岩体滑坡▶

　　岩体滑坡往往发生在海拔较高的山脉中，由于坡面过于陡峭，使其上的复杂的岩层无法保持一体性，从而造成滑落运动。致使坡面物质不稳定的原因也有很多，比如：早春时融化的雪水形成涓涓溪流进入岩石缝中，使它们松动；或者长期的流水侵蚀冲刷了岩石的基底部分等。流水使得不同岩层间的自然分界线变得更为滑软，从而减小了岩层间的摩擦力，最终导致了上层岩层的滑坡运动。

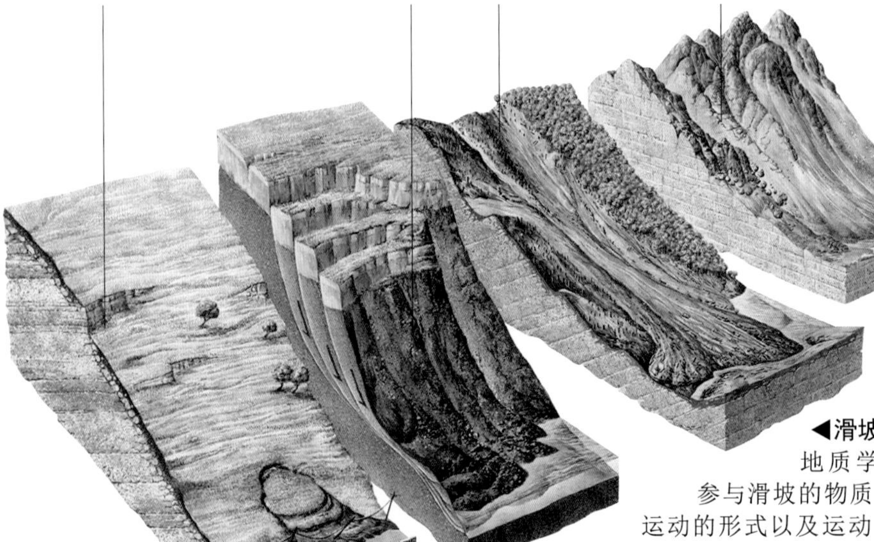

土质蠕动型滑坡，表层土以几乎不可察觉的速度缓慢地向下滑动，每年只运动10毫米左右

陷落是大型的板石垂直下滑运动

原本干旱的区域被雨水浸泡、冲刷形成泥石流，洪流所过皆为泥潭

岩崩是由于岩石碎块被雨水或霜冻侵蚀风化而松动所导致的自由运动（自由落体）

电线杆的倾斜表明了土质蠕动型滑坡正在发生

◀滑坡的类型

　　地质学家按照参与滑坡的物质的种类、运动的形式以及运动的速度，将滑坡分为四种类型。土质蠕动型滑坡，是指土粒极为缓慢的移动和转换所导致的坡面运动。陷落运动则更迅速些，块状或板状的土石沿着一个凹曲面滑动，多次的陷落可以造成阶梯状的崩崖。泥石流是由于大量经水浸泡的岩石或土壤松动而形成的以高速冲刷而下的流体。岩崩是指陡崖边缘由于风化作用引起的碎石突然疾速滚落的现象。

▲山体滑坡前的瓦斯卡兰山

剧烈的山体运动能够迅速得让人意想不到。图中正是位于秘鲁安第斯山脉的瓦斯卡兰山原来的景致，1970年5月31日的一场大地震损毁了它的英姿。地震导致高耸而陡峭的山峰上一小部分冰块离开原位，砸落到其下的岩石坡面上。冰雪与岩石混合在一起，挟着猛烈的冲击势头滚落下来，造成了一次规模庞大的岩屑崩塌。

▲山体滑坡后的瓦斯卡兰山

这是当时瓦斯卡兰山遭岩屑崩塌蹂躏之后的景象。超过5000万立方米的岩石、冰屑、烂泥混杂起来，以435千米/时的速度滚落下山，肆意暴行了16千米后才逐渐停止。这支挟千钧之势的洪流侵袭了山下包括永盖村在内的几乎所有的人类群落，造成的死亡人数超过17 000人。

▲暴雨引发的泥石流

图中的这场灾难性的泥石流发生在1999年委内瑞拉的首都加拉加斯。干旱地区突降暴雨后就很容易形成泥石流。植物的根系具有保持水土的作用，可以固定泥沙；然而农民们在山坡上毁林开荒，致使地表的植被锐减难以固定土壤，所以当雨水泛滥时，便将疏松的表土冲进了山隙、河谷之中。泥与水的褐色洪流从山上汹涌而下，冲走岩石、树木，甚至汽车和房屋。

◀造成坡面不稳定的原因

1995年，美国加利福尼亚州拉康奇塔镇发生了一次山体滑坡。9幢房屋被夷为平地，而幸运的是没有人员死亡。据事后调查表明，事故前的大雨使得山体溃水、表面土层极不稳定。滑坡的一个潜在规律就是：山体在到达某一合适的角度而停止之前会持续下滑，即达到一个能让滑落的山体稳定下来的最大的角度。而在拉康奇塔镇，由于雨涝，使得该地的山体停止滑落角度发生了改变。

海水与河流造成的滑坡

海浪的冲刷将沿岸陡崖的岩体底部侵蚀得相当严重，所以如今侵蚀部分上方的岩层已变得因缺少支撑而十分脆弱，整体极不稳定，摇摇欲坠。同时被侵蚀的悬崖边缘正在慢慢地、"危险地"靠近图中这些房屋。同样的情况也发生在河流区域——河水持续的冲刷侵蚀使得河岸也变得极为脆弱而不稳定。短暂的暴雨能够引发洪水将险峻的河岸冲毁，且一并冲垮沿岸的桥梁与房屋。

岩石

组成地球表面的岩石处于不断的变化之中。岩石在地表下既被地球内部的巨大热量所融化，也被地心深处的压力所挤压；而在地表，它们又被霜冻、风力、水力等侵蚀、风化。按照岩石形成方式及其变化过程，可以将它们分为以下三种：沉积岩、岩浆岩和变质岩。很多因素都能够导致岩石破碎或类型上的变化，例如热量、压力、侵蚀等，而这其中的变化过程就是我们通常所说的"岩石圈的循环"。

▶**约塞米蒂峡谷**

不管多硬的岩石，只要它暴露在地表，都会经受风化与侵蚀。像左图中的这些在约塞米蒂国家公园的石头，它们露出的连接部分都在被"冰楔作用"（或称融冰崩解作用）不断侵蚀——当水流入岩石缝隙中，冻结成冰并膨胀后，就会对其周围的岩石产生巨大的破坏作用。

上层地壳		**沉积岩** 沉积物由于流水沉积作用逐渐地堆积成层。而分层堆积既是沉积作用的特征，也是沉积岩的形成方式。那些年代较老、埋藏较深的沉积物，被它们上面沉积物的重量所挤压，变得越发紧密，并逐渐岩石化，成了坚固的沉积岩。	 **砾岩** 砾岩形成于大块的鹅卵石。而它们最初也是由流水的沉积作用形成的。	 **白垩岩** 白垩岩是一种松软的石灰石，形成于细小的藻类细胞。

地壳		**岩浆岩** 岩石在地幔中被加热直至融化后形成岩浆，而这也是岩浆岩最初的形态。岩浆不断上升并穿过地幔，涌出地表后，逐渐冷却、结晶。这一过程越缓慢、耗时越长，所形成的岩浆岩的颗粒就越大。例如含有大量结晶的花岗岩，其形成过程就极为缓慢。	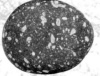 **斑岩** 这种岩石的特征是在大量的较细小颗粒中存在着明显的粗粒结晶矿物。	 **玄武岩** 玄武岩是地壳中最常见的岩石。它通体漆黑，有细密的纹理。

深层地壳		**变质岩** 变质岩是某种岩石（沉积岩或岩浆岩）在热力或压力的作用下，发生性质上的改变而形成的。例如地下火山的灼烧作用、造山运动的挤压作用等。有些变质岩在压力作用下形成片状或层状结构，有些则重新结晶成新的岩石。	 **板岩** 板岩是由沉积的页岩变质而成。	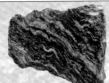 **片麻岩** 富含硅的岩石（例如花岗岩等）在变质作用下形成片麻岩。

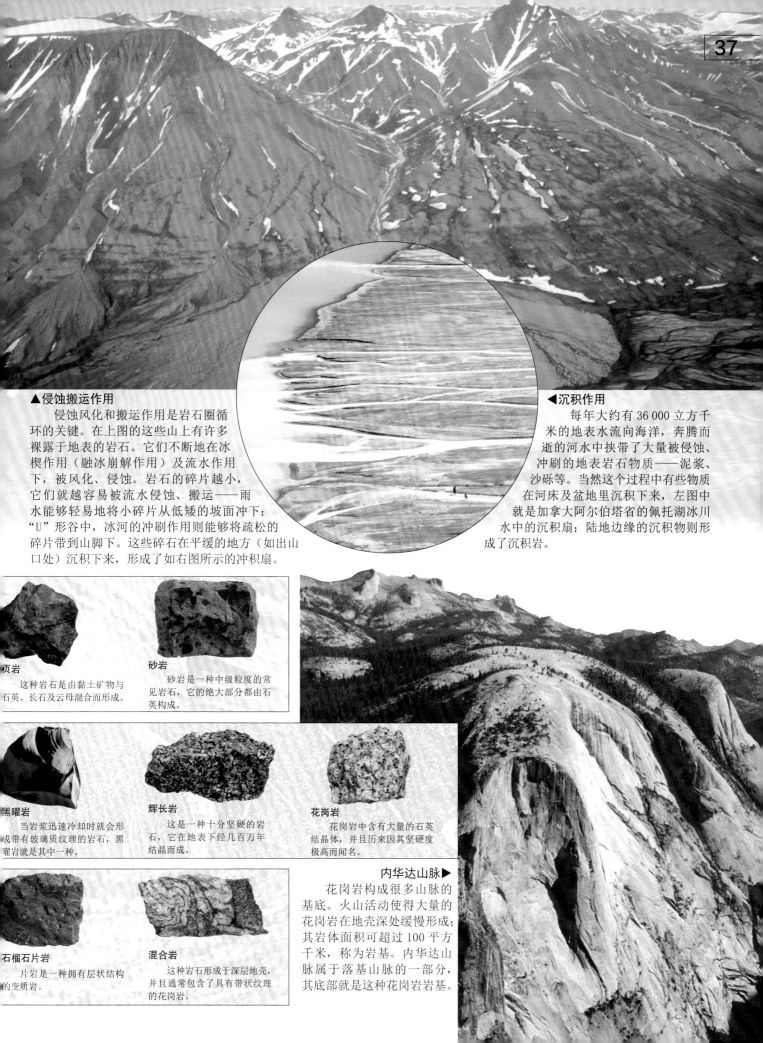

▲侵蚀搬运作用

侵蚀风化和搬运作用是岩石圈循环的关键。在上图的这些山上有许多裸露于地表的岩石。它们不断地在冰楔作用（融冰崩解作用）及流水作用下，被风化、侵蚀。岩石的碎片越小，它们就越容易被流水侵蚀、搬运——雨水能够轻易地将小碎片从低矮的坡面冲下；"U"形谷中，冰河的冲刷作用则能够将疏松的碎片带到山脚下。这些碎石在平缓的地方（如出山口处）沉积下来，形成了如右图所示的冲积扇。

◀沉积作用

每年大约有 36 000 立方千米的地表水流向海洋，奔腾而逝的河水中挟带了大量被侵蚀、冲刷的地表岩石物质——泥浆、沙砾等。当然这个过程中有些物质在河床及盆地里沉积下来，左图中就是加拿大阿尔伯塔省的佩托湖冰川水中的沉积扇；陆地边缘的沉积物则形成了沉积岩。

页岩

这种岩石是由黏土矿物与石英、长石及云母混合而形成。

砂岩

砂岩是一种中级粒度的常见岩石，它的绝大部分都由石英构成。

黑曜岩

当岩浆迅速冷却时就会形成带有玻璃质纹理的岩石，黑曜岩就是其中一种。

辉长岩

这是一种十分坚硬的岩石，它在地表下经几百万年结晶而成。

花岗岩

花岗岩中含有大量的石英结晶体，并且历来因其坚硬度极高而闻名。

内华达山脉▶

花岗岩构成很多山脉的基底。火山活动使得大量的花岗岩在地壳深处缓慢形成；其岩体面积可超过 100 平方千米，称为岩基。内华达山脉属于落基山脉的一部分，其底部就是这种花岗岩岩基。

石榴石片岩

片岩是一种拥有层状结构的变质岩。

混合岩

这种岩石形成于深层地壳，并且通常包含了具有带状纹理的花岗岩。

矿物与晶体

　　到目前为止，已知的矿物达 4000 多种，有些矿物虽然数量稀少，却是绝大多数地壳组成物质中不可或缺的一部分。地质学家将矿物定义为"原子呈有序排列的、天然形成的无机固体"。进一步来看，在无约束的条件下，形成的有规律形态的矿物则被称之为晶体。从地壳中开采出来的矿物有很多用途。它们有些以纯净物的形式出现，但大多数仍然以化合物的形式存在。

◀花岗岩

　　花岗岩是一种于地表下缓慢冷却而形成的岩浆岩。极缓慢的冷却过程使得岩浆中的混合性矿物质逐渐汇聚形成大块的、醒目的结晶体，并且使岩石上呈现出粗粒状的肌理。花岗岩根据其所含矿物质不同而具有多种颜色，如长石多呈浅桃红色，石英多为浅灰色的半透明体，而黑云母石身上则多见深色斑点。

黑云母

石英

长石

温泉从石缝中
涌出之前已被
加热到 70℃

铜矿

◀铜矿（图中铜矿位于美国亚利桑那州）

　　人类将铜作为制作工具原料的历史可以追溯到至少 8000 年前，而直到今天，这一矿物原料仍然应用广泛。尽管铜也以纯金属的形式出现，但人们往往是在硫化物或氧化物里发现铜的存在。金属矿石往往具有很高的含金属量，然而铜矿中的含铜量仅有 0.5%，这就意味着铜的生产与提纯所需的开采量十分巨大。

其他珍贵金属

银

　　银素来被视为一种稀有而珍贵的金属，更是制作最古老的硬币所用的原料。尽管也曾发现银的纯净物，但更普遍的仍是银的混合或化合物。墨西哥、秘鲁及南非都有很多很重要的银矿，然而每年产出的银中，75% 是提纯金矿、铜矿、锌矿及铅矿时的副产品。

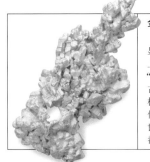

金

　　美丽以及易于加工是金最显著的特征，而这种金属基本上都以纯净物的天然形态存在。"淘金热"在人类的文明史上亘古通今，而人们多将寻金的目标锁定在含金量丰富并且风化作用严重的岩脉或河床。当今世界，南非、俄罗斯以及北美都是主要的金矿产区。

枕头般的造型使
得它有了"棉花
堡"这样一个生
动可爱的名字。

钟乳石通常形成于岩石的突出、平展的地方，呈悬垂状

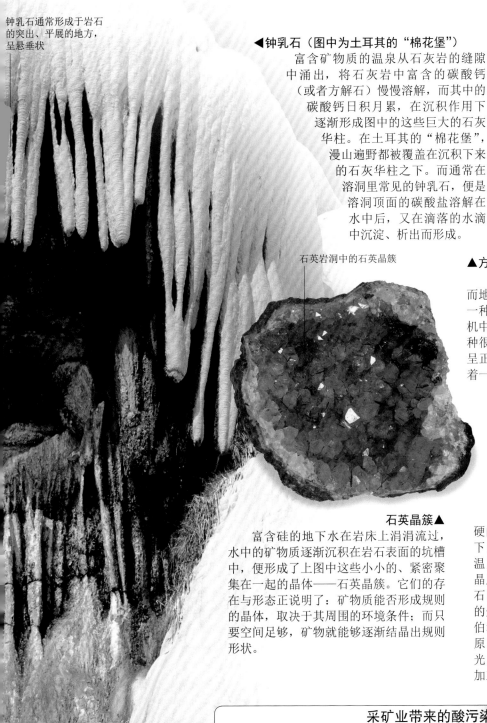

◀钟乳石（图中为土耳其的"棉花堡"）

富含矿物质的温泉从石灰岩的缝隙中涌出，将石灰岩中富含的碳酸钙（或者方解石）慢慢溶解，而其中的碳酸钙日积月累，在沉积作用下逐渐形成图中的这些巨大的石灰华柱。在土耳其的"棉花堡"，漫山遍野都被覆盖在沉积下来的石灰华柱之下。而通常在溶洞里常见的钟乳石，便是溶洞顶面的碳酸盐溶解在水中后，又在滴落的水滴中沉淀、析出而形成。

铅

▲方铅矿

我们通常见到的铅都泛有银色的金属光泽，而地球上绝大多数的铅都提取自方铅矿。作为一种导电体，这种金属曾经在早期的晶体收音机中被用作"水晶"。从外观上看，方铅矿是一种很有重量的、银灰色的晶体，通常情况下多呈正方体。如果用锤子猛力一砸，矿石则会沿着一个平滑的截面规则而整齐地裂开。

石英岩洞中的石英晶簇

蕴藏于金伯利岩中的金刚石原石

石英晶簇▲

富含硅的地下水在岩床上涓涓流过，水中的矿物质逐渐沉积在岩石表面的坑槽中，便形成了上图中这些小小的、紧密聚集在一起的晶体——石英晶簇。它们的存在与形态正说明了：矿物质能否形成规则的晶体，取决于其周围的环境条件；而只要空间足够，矿物就能够逐渐结晶出规则形状。

金刚石原石▶

金刚石是地球上最硬的矿物。深埋于地壳之下的碳元素在3000℃的高温及巨大的压力作用下结晶成了金刚石原石。随着岩石圈的剧烈运动（例如火山的爆发），储存着金刚石的金伯利岩就势来到地表。金刚石原石的外表十分粗糙而黯淡无光，必须经过极为精确的切割与加工才能使它焕发出耀眼的光泽。

采矿业带来的酸污染

黄铁矿是一种硫铁化合物，分布十分广泛，在金属矿的开采过程中几乎随处可见。由于它带有浅黄色的金属光泽，又被称为"愚人金"。硫化金属的开采及加工是大多数有关"金属提纯的环境问题"的源头。当黄铁矿与水或空气接触时，就会发生氧化反应，从而产生氧化铁及硫酸。一旦产生的酸进入生态环境中后，就会污染河流、湖泊，甚至毁伤植物。

黄铁矿

侵蚀

尽管岩石看起来坚不可摧，但事实上侵蚀作用对其表面磨损始终在缓慢地进行着。侵蚀作用有着众多的表现形式：水蚀、风蚀、冰川侵蚀、天然化学物质的侵蚀以及重力的作用等。侵蚀作用神通广大，能将岩石塑造成各种奇怪的形状，也能将岩石彻底变成碎片，甚至还能改变岩石中所含的矿物质。比如，当雨水在岩石缝隙中冻结，就会膨胀成一个冰楔子，毫不留情地把岩石劈为两半。侵蚀作用就是通过流水、风力或冰川等，将风化后的岩石碎片或矿物质搬离原处，例如将它们冲下山坡或者使其随水流走。

约塞米蒂国家公园里的花岗岩山高达 1000 米

▲约塞米蒂国家公园的剥落状花岗岩

加利福尼亚州约塞米蒂国家公园遍布着高大裸露的花岗岩"堡垒"。花岗岩是一种坚硬的岩浆岩，于地壳深处经上百万年缓慢结岩而成。覆盖在花岗岩上的岩石由于风吹雨淋等的不断侵蚀，逐渐像一棵棵大洋葱一样层层剥落。而冻结在岩石层缝隙中的水分，通过冰楔作用进一步加快了剥落的进程。

侵蚀作用下形成的砂岩小尖峰

▲布赖斯峡谷的蕈状岩地貌

任何人都很难相信犹他州的布赖斯峡谷曾经是一个坚固的沉积岩高原。霜冻的侵蚀把它雕刻成了怪异而高耸达 60 米的蕈状岩石林。大约 3500 万年前，这个高原由于地壳抬升运动而出现，并被巨大的裂缝分隔成一排排岩壁。由于长时间的侵蚀、风化，加之雨水冲刷并搬运走了细小的岩石碎片，使得原本完整的石壁变成了参差的"鱼鳍"、锯齿状的"刀刃"，最后变成了现在我们所看到的蕈状岩石柱。

◀石林

如左图所示的这些石林，在侵蚀作用下，都只剩下较高层的沉积层台塬。而雨水的冲蚀作用及冰楔作用，使石峰的每两个沉积岩层之间都形成了清晰可见的缝隙。不同岩层所受的风化速率也不相同。图中石峰纤细的"脖子"就是由一些相对疏松的岩石构成——例如泥岩。显然对这些石头风化侵蚀要比对"脖子"之上的——如石灰岩一类的高硬度岩石容易多了。

溶蚀作用

受蚀石灰岩

雨水是导致石灰岩受溶蚀作用的"元凶"。水分与空气中的二氧化碳发生反应，形成弱酸的酸雨。而酸又与石灰岩发生反应，逐渐溶解其中的碳酸钙，之后雨水就顺势将溶解的碳酸钙冲走了。这个过程虽然缓慢，但经过很长一段时间之后，石灰岩的表面就被侵蚀出深深的凹槽了。

中国的喀斯特地貌

上图中这些裸露的石灰岩石林是中国的美景之一，是典型的喀斯特地貌。这一排排如刀锋般的岩石是因酸雨侵蚀而成。喀斯特地貌中的化学性侵蚀原理与左图的相同，只是喀斯特地貌所呈现的石林已经属于溶蚀中更为剧烈的阶段。

— 纤细的"脖子"由风化侵蚀而成

因冰楔作用及溶蚀作用而形成了岩层缝隙，使得整个石峰看起来也格外嶙峋

波浪不断地冲刷侵蚀石灰岩周围相对松软的岩石而形成了拱状结构

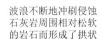

▲海蚀作用

杜德尔门拱洞是位于英国多塞特海岸的一座天然拱形石洞。这原来是一面完整的石壁，但因为由两种不同硬度的石灰岩构成，在海浪每日不断地猛烈冲击下，岩壁中间相对较软的石灰岩便被侵蚀搬运走，而留下了这个天然的拱洞。石壁两边的悬崖则是由更软的岩石构成，因而它们所受的侵蚀作用也更为显著——海浪日夜不息地冲击使得海岸线退缩，形成了深深的海湾。杜德尔门拱洞的名字来源于古英语，意为"穿透"。

◀"V"形谷

湍急的河流从陡峭的山上飞泻而下，将山谷"切"成"V"字形。怀俄明州黄石大峡谷的下瀑布的石壁几乎是完全垂直的——河流的下切侵蚀作用远比岩壁上普通的风化作用猛烈得多。河水一路流过不同硬度的岩石，而瀑布下是极为耐侵蚀的"书架状"岩石，因而保障了巨大的落差。

"U"形谷▶

冰川的侵蚀作用形成山脉中标志性的"U"形谷。不断移动的冰川河床中有着大块的球状砾石，它们不断地对岩壁进行磨蚀并冲刷其碎屑。右图所示是一个悬谷，即主冰川与次冰川的交会处。由于次冰川的重量小于主冰川，因而对地面的刨削深度也大不如主冰川，两个山谷呈现交叠状。

岛屿

人们把被水围绕着的陆地称为岛屿。湖中或河流中的小型陆地被称为内陆岛；被海洋所环绕着的称为离岸岛。离岸岛又可分成两种：近大陆的沿海岛和大洋中的海洋岛。沿海岛位于被淹没的浅海大陆架边缘地带，是远离板块中心的陆地，仍算作大陆板块的一部分；而海洋岛，特别是那些位于大洋中心的岛屿，则是由于火山爆发等地质作用而形成。许多岛屿都是动植物生长、生活的绝佳之所。动物们从地球上其他地区来到岛上，按照各自独特的方式逐渐改变着自己的习性，以适应它们的新家园。这样的情况对人类来说也是一样的。

海面下的大陆架边缘

有些岛屿只不过是附近的大陆板块边缘没有被海水淹没的一部分。在后冰河时期，有一片陆地连接着英国的众多群岛与西欧大陆。猛犸象、麋鹿（或称驼鹿）以及生活在石器时代的原始居民，都把这片陆地当作岛屿之间的桥梁。但是随着气候逐渐变暖，海平面上升，以致在大约8000年前，连接岛屿的陆地被淹没，使得其间的联系也终止了。

漂移的板块

新西兰原本是澳大利亚的东部的一片陆地。从大约8500万年前，断裂作用和海底扩张作用加剧，开辟并不断加宽着塔斯曼海，将新西兰逐渐东移而与大洋洲大陆分离。从那时起，新西兰就成了拥有自己独特地质历史的岛屿。

▲印度尼西亚群岛

印度尼西亚群岛是世界上最大的岛屿群系（或称列岛）——它舒展的"身形"，可以达到绕地球一整周的八分之一的长度。其西部的众多岛屿位于亚洲板块东南部的大陆架上，而南部群岛则位于澳大利亚板块的大陆架上。至于印度尼西亚群岛的北部和东部，则是由一系列形成于板块交界处的活火山岛组成的。

▼印度尼西亚群岛的人口

如果有人说，"印度尼西亚群岛上的2.35亿人属于许多不同的部落，并且在该区域17 000个岛屿中的6000多个上都有分布"，不必惊讶，这就是事实。如今，许多印度尼西亚人为了找工作而移居大城市：四分之三的人口居住在6个主要的岛屿上，其中包括苏门答腊岛和爪哇岛。在那些地区，"过度拥挤"正逐渐成为城市的首要问题。

"垫脚石"岛屿

印度尼西亚和菲律宾的群岛中，有一些被人们当作"垫脚石"的岛屿——旅行者利用它们作为短暂休息之处，穿越在相邻的岛屿之间。就是这种方式，使得人们在至少6万年前发现并抵达了澳大利亚大陆。这里所示的是宿务岛上的繁忙的村落。这些"垫脚石"岛从亚洲一直延伸至太平洋海域。几百万年来，群岛中的动物们利用风或者海浪在岛屿间短途旅行；甚至植物也利用这种方式在不同的岛屿上传播自己的种子。而今，频繁的渡轮服务加强了岛屿之间的联系，使得不同岛上的人们相互往来相当便捷。

巴达奈拉岛

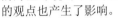

◀加拉帕戈斯群岛

加拉帕戈斯群岛是位于南美洲板块边缘海域的一连串热点火山岛。它们形成于过去 400 万年前的海底火山喷发。由于相对孤立、隔绝的地理位置，加拉帕戈斯群岛形成了自己本岛所特有的动植物，例如海鬣蜥。

海鬣蜥▶

海鬣蜥是一种爬行动物，但能够利用扁平的尾巴在海浪中游动；同时海鬣蜥还是这个世界上仅有的吃海藻的蜥蜴。英国生物学家查尔斯·达尔文曾于 1835 年在加拉帕戈斯群岛游历一番，而岛上独特的野生环境对于他提出进化论的观点也产生了影响。

阿拉斯加的阿留申群岛

阿留申群岛是北太平洋的一串火山岛弧。由于太平洋板块向北漂移与北美洲板块碰撞，前者的边缘被压迫，俯冲入地幔之下。岩浆从地幔裂缝中喷涌而出，在下沉的板块边缘形成了绵延的火山群——西至大洋中央，东达阿拉斯加海岸。

叙尔特赛火山岛的诞生

1963 年 11 月，冰岛外海的某一海底火山突然爆发，叙尔特赛火山岛便诞生了，并由此成为地球最年轻的岛屿之一。在接下来的三年半里，岩浆不断喷涌、冷却，形成玄武岩，从而使得岛屿不断"长高"，露出海面，凌波而立。如今，这个小岛面积大概已达到 2.5 平方千米。

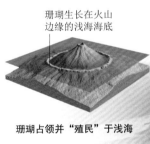

珊瑚生长在火山边缘的浅海海底

珊瑚占领并"殖民"于浅海

环形珊瑚礁围绕着山峰生长

礁石露出海面

火山顶（礁石）被海水侵蚀、磨平后，便在珊瑚围成的区域形成了礁湖

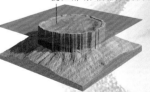

礁湖（珊瑚环礁）

▲珊瑚环礁的形成

珊瑚环礁就是环状的珊瑚礁。构建其主体结构的珊瑚，通常生长在火山侧翼的浅海区域；而珊瑚环礁的形成也起始于这种珊瑚的生长。珊瑚使得礁石不断增高，使其得以露出海面。而随着火山锥被不断侵蚀，火山口被海水淹没，就留下了环状珊瑚礁。

礁湖中的火山口

珊瑚环礁上长满了随风吹或水漂而来的种子所萌生的植物

由珊瑚石灰岩构成的沙质海滩

◀环礁剖析

珊瑚环礁形成于热带海洋温暖的浅海海域，其中包括加勒比海、西太平洋以及印度洋。珊瑚是小动物的家园，它们随着潮汐的涨退而捕捉食物。珊瑚虫的骨骼帮助它们构建了组成环形珊瑚礁的石质结构。最终这些珊瑚礁形成了岛屿，有着珊瑚沙海滩，以及生息繁衍于此的各种动植物。同时，珊瑚环礁能够防风静浪，是船只停泊的优良港湾。

冰川与冰原

冰川是一种长期的、形态相对固定的冰体。一般来说，它们只形成于世界各地的高海拔的山顶区域，然而世界上最大的冰川——冰原却完全覆盖了两极地区。冰缓慢地向山下流动，通过下切侵蚀作用，使岩石变成深谷，使冰山消融坠入海洋。现今，冰体以各种各样的形式覆盖了地球表面的十分之一，而在地球更早的历史中，被冰所覆盖的面积是如今的三倍大小。虽然冰川随着气候的变化也在不断增长或萎缩，然而它们依然留下了其存在并对地球起作用的众多证据——许多雄伟高耸的大山，就是由冰川运动中产生的万钧之力雕刻而成。

山谷冰川的形成

一般来说，山谷冰川的形成大都开始于冰河从围椅状的冰斗向外流动的运动。随后，两个从相邻冰斗中流出的冰川汇聚到一起，成为一支主冰川。岩块残屑不断聚集起来，成为冰碛石，又经过漫长的沉积，最终形成冰碛。在冰层之间的沉淀物，被称为中碛；冰川两侧的沉淀物，被称为侧碛；而在冰川末端或突出部位，则被称为终碛。在海拔较低、天气相对暖煦的地方，部分冰川融化成水，同时又被其末端的冰墙所阻，从而形成湖泊。

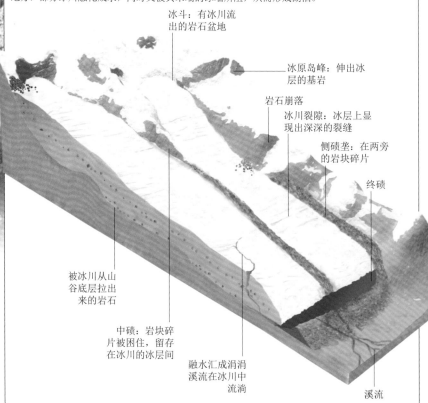

冰斗：有冰川流出的岩石盆地

冰原岛峰：伸出冰层的基岩

岩石崩落

冰川裂隙：冰层上显现出深深的裂缝

侧碛垄：在两旁的岩块碎片

终碛

被冰川从山谷底层拉出来的岩石

中碛：岩块碎片被困住，留存在冰川的冰层间

融水汇成涓涓溪流在冰川中流淌

溪流

▲阿拉斯加的马杰瑞冰川

冰川最常见的形式是谷冰川或高山冰川，有它们所流经的山谷也许从前只是一条小沟，其流动距离只能达到几百米或几百千米。流动的冰舌摩擦着岩壁，削去岩石碎屑及冰碛，将它们或推上山脊，或堆在山谷。一段时间过后，这种形式的冰川运动便把山谷打磨成了"U"字形。仰望一座冰川时，很难估计它的具体规模，它们太高、太远——马杰瑞冰川的顶端冰壁海拔大约可达80米。

▲阿拉斯加的马拉斯皮纳冰川
　　冰川的运动使陡峭的山谷变成了平坦的土地，形成了呈散开状的舌状冰，被称为山麓冰舌。马拉斯皮纳冰川是世界上最大的山麓冰舌，它覆盖了整个阿拉斯加海湾超过5000平方千米的土地或者水域。从这张卫星图上看，冰川从陆地向外扩散的出口就像整个冰川的颈部。它看起来很狭窄，但事实上它有大约4千米宽；在它左边呈"S"形的则是阿加西斯冰川。

▲格陵兰的冰原边缘
　　冰山散落地分布在格陵兰的岸边。然而，五分之四的格陵兰岛屿都被埋在了一个据测量超过170万平方千米的巨大冰原下面。这个冰原是圆顶的，在其内部有两个高峰。冰块从圆顶向外滑落至海滩上，一些冰山脱离其他冰山，进入北大西洋。虽然格陵兰的冰原十分巨大，但是和大约8倍于它的南极冰原相比则显得渺小得多了。

◀冰川漂砾
　　随着冰川的融化和萎缩，一些曾存在于其上的岩块被遗留了下来。这些岩块中有些只是卵石，而有些可能达到几千吨重。这些岩石的形态和性质不一，通常是通过对它们周边岩石的鉴定来判定它们的种类，同时这也为科学家研究冰川的运动提供了极其重要的线索。就目前所知，冰川可以将不规则的巨石移动到800千米以外的地方。

粒雪：紧实的雪
风向
冰架：浮出海面的冰
平顶的桌状冰山

▲冰盖的形成
　　冰盖其实就是小型的冰原。充满湿气的海风把雪刮落到山坡上的过程中，冰盖就逐渐形成了。在寒冷的环境中，雪一年一年逐渐地堆积起来，这个过程就叫作冰盖沉积。雪花被新的降雪压在下面，逐渐变成一个个小冰粒，随之成为厚而密实的粒雪，许多年过后，它们就成为坚硬的纯净冰。冰床向下延伸至海岸线，在那里溶化或者变成流冰，这种冰川的耗损被称为消融。

冰山

马鞍形状的冰山是因风和海浪的侵蚀所形成的

北极的冰山
　　冰山是漂浮着的大块淡水冰，它们是在冰川到达海洋时形成的。北极的冰山要比南极的冰山小得多，而且形状更趋向于不规则。时年最长的冰山是蓝色的而不是白色——它们的形成已达上千年，冰体内大部分的空气已经被挤压出去。

平顶的冰山是从冰架上脱落的

南极的冰山
　　世界上90%以上的冰山都是由四处漂浮在南极的浮动冰壳所形成的。这些冰壳勉强被水压维持着，直到流冰断裂成桌子大小，才分离漂入海中。从冰川到达海洋是一个漫长的过程，这些冰山平均都有5000年左右了。

冰山的尺寸
　　冰山只有大约八分之一的体积是露在水面上的，而其他部分则隐藏在水面以下。有些冰山是十分巨大的：1956年，在南极，一个比比利时整个国家面积还大的冰山脱落并漂入南极海域；2002年，在格陵兰的外海可以看见一个167米高的冰山。

土壤

　　地表最上层土壤是由岩石微粒、矿物质、空气、水以及有机物构成的。基岩，是存在于岩石微粒下层的固体岩石。它经过风蚀而成为小碎片，又经雨水冲刷产生细微的化学变化，由此就产生了土壤。基岩被风蚀的速度取决于岩石的类型以及当地的气候。因此，地球上存在着许多种类不同的土壤。土壤中的有机物质、腐殖质，来源于生长在土壤中的植物、动物和细菌。土壤是一个维系生命的系统：植物的生长依赖于它，而我们人类也需要它来种植作物。但是，如果人类不能科学地利用土地的话，它就将会被迅速用尽或侵蚀掉。土壤需要上千年的时间来发育、储肥，并且作为固定于地表的基本形态，它也很难被替代或更换。

植物：从腐殖质中吸收营养

腐殖质：有机物质，由腐烂的植物和动物残骸组成

表土：富含腐殖质，并且有许多生物生活于其中，如蚯蚓等

亚层土：缺乏腐殖质，但是富含从上层被冲刷下来的矿物质

被风化的岩石：含有大量的矿物质母岩碎片

基岩：没有被风化的母岩，土壤最终由此形成

◀土壤的分层

　　土壤是以土层的形式形成的。科学家们按照土壤自身的分层将其标注、归类，制成土层剖面图。在这个成熟的森林土壤的剖面图中，含有丰富的腐殖质、有机物质的上层土壤，构成表土；位于其下面的亚层土，收集表土中被冲刷下来的矿物质；在最底层则是母岩——经风化侵蚀而形成的基岩土壤。

▲ "打理"土壤的生物

　　通过在土壤中打洞和以腐殖质为食，蚯蚓不仅能帮助土壤通气，同时也帮助土壤中的矿物质和有机物质进一步混合；在热带的草原上，住在地面上的白蚁扮演了一个和蚯蚓相似的角色，它们能够运送深层土壤中的营养物质到达表土层。除白蚁等动物外，帮助土壤变得更加肥沃的生物，还包括真菌和细菌。它们能够加速植物和动物遗骸的腐烂，促进它们转换成腐殖质，成为树木等其他生物的养分。

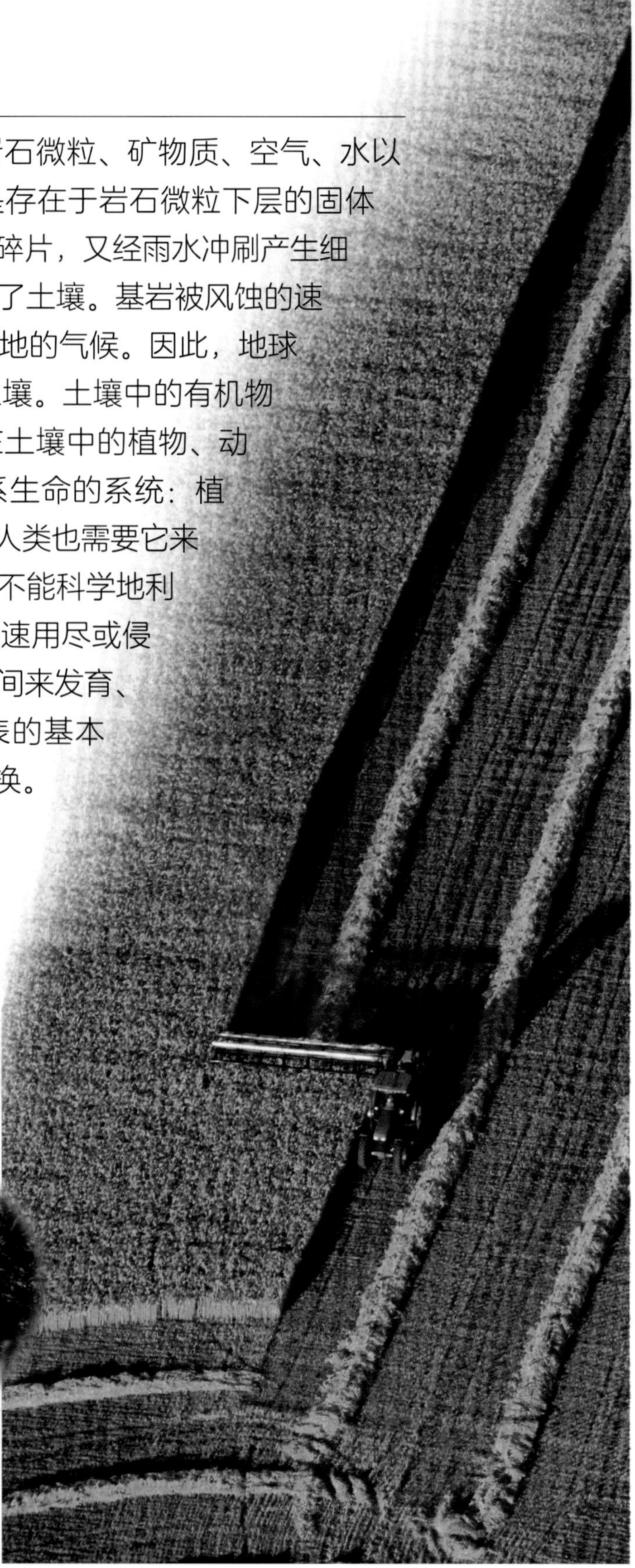

▲集约农业（密集型农业）

　　人类所有的主要作物都是种植在土壤中的。随着世界人口的不断增长，供进行农耕的优良土壤已所剩无几。作物大都从土壤中吸收营养，如氮等，因此农民开始滥用化学肥料来补充土壤中的营养。同时，农艺学家，也可以说是土壤学家也在不断研究提高土壤肥力的途径以及灌溉和排水系统的应用；还在研发产量更高的新品种作物，使它们可以在同样大小的田地里生产出更多的食物。

▲森林土壤

　　森林地区的气候温暖而湿润，被雨水冲走的表层土壤中的黏土和氧化物，积聚起来并形成了红棕色的亚层土。丰富多样的森林植被增加了表土中的腐殖质，使表土变得具有高酸性，并且颜色逐渐减淡。这种土壤被称为铁铝土，它在美国东部和欧洲的许多地方都十分常见；同时它也是优良的高产农田。

森林土壤特写

▲热带土壤

　　热带地区的高温和高降水量导致了高速率的风化作用以及深厚的土层。然而，植物的生长也是十分迅速的，因此营养物质在表土层里只能存在很短时间。矿物质，如二氧化硅、碳酸钙等被雨水冲走后，便会留下富含氧化物和黏土的亮橘红色表土层。这种土壤被称为红土，其特征就在于：种植一到两年后，这片土地就会枯竭了。

热带土壤特写

▲土壤侵蚀

　　图中所示的这个地区，在各种侵蚀作用下，水土流失严重。当进行作物耕种时，如果土壤被频繁地重复使用（甚至没有停歇的播种），那么土壤就会变得十分不稳定。没有了植被覆盖的土壤不断经受着狂风和暴雨的考验，它们要么被风吹得漫天蔽日——形成沙尘暴，要么被雨水猛烈冲刷卷入河流。覆盖了地球三分之一面积的耕地上，土壤被侵蚀的速率远快于它自身的更新或交替。

▲荒漠土壤

　　与热带环境下的土壤能够快速产出相反，炎热干燥的沙漠土壤却使植物几乎停止生长。土壤的表层砂石嶙峋，而此层中的矿物质与下层母岩中的十分相似。沙漠中的水在下渗之前就极易被蒸发掉，同时却被滞留下亚层土中富含粉状碳酸钙的部分。

沙漠土壤特写

黏土的特性

　　当以黏土为主要构成的土壤风干后，它的体积逐渐减小，并在土壤表面形成裂纹。黏土是由十分优质、细腻的矿物质小颗粒组成的，是土壤中的重要成分，能够促进吸收植物生长所需的气体和矿物质。然而，土壤中黏土过多，也会削弱土壤吸收和储藏宝贵的水分的能力。有些黏土遇到水的时候就会膨胀，而水分干涸时又缩小。其他一些黏土是不会扩大或缩小的——它们只是会在遇到水时变软。这种特性决定了黏土的用途，例如被用在陶瓷生产中。

▲上海

上海是中国重要的交通枢纽中心，同时也是世界上最大的港口城市之一。黄浦江流过城市中心后，并入其近旁的长江。涨潮的时候，从海洋驶来的货船可以逆流而上，直接进入处于城市中的港口。世界上最初的城市都是出现在河流岸边的，其中包括印度河、底格里斯河和幼发拉底河等，人们依靠河水灌溉作物，以获生存。

黄浦江长达 113 千米

▲上海

上海是中国重要的交通枢纽中心，同时也是世界上最大的港口城市之一。黄浦江流过城市中心后，并入其近旁的长江。涨潮的时候，从海洋驶来的货船可以逆流而上，直接进入处于城市中的港口。世界上最初的城市都是出现在河流岸边的，其中包括印度河、底格里斯河和幼发拉底河等，人们依靠河水灌溉作物，以获生存。

黄浦江长达 113 千米

河流

河流在水循环系统中扮演了重要的角色，它负责收集降落在地面的雨水，并把它们运送回海洋。在这个过程中，它还灌溉了农田，支持了不同生态系统的正常运转。河流在土地上留下各种标记：它们侵蚀岩石、冲刷土地，还雕刻出深邃的峡谷。当到达海洋时，河流中储存的矿物质和营养物质又供养了海洋生物。河流还可以带来许多其他好处，如为航道提供清洁的水域等；河岸同时也是世界上最大城市的发祥地。但是与此同时，河流的存在也潜藏着洪水暴发的隐患。

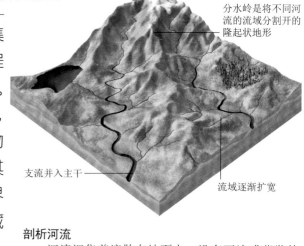

分水岭是将不同河流的流域分割开的隆起状地形

支流并入主干

流域逐渐扩宽

剖析河流

河流汇集着流散在地面上、没有下渗或蒸发的雨雪，并把它们转送回海洋。在河流的全程流域，都有作为支流的河流汇入其中。

世界上最长的河流

▲长江

长江全长 6300 千米，是亚洲最长，同时也是世界第三长河——穿越了大半个中国。它发源于海拔约 5500 米的青藏高原唐古拉山脉，河流的相当部分都在山谷中蜿蜒前进。

▲尼罗河

尼罗河是世界上最长的河流。发源于东非的高大山地中，紧接着流入维多利亚湖，之后蜿蜒穿过苏丹和埃及，在经过长约 6650 千米的旅程后，汇入地中海。在穿过埃塞俄比亚时，那里的强降水使得尼罗河在每年夏天都会泛滥成灾。

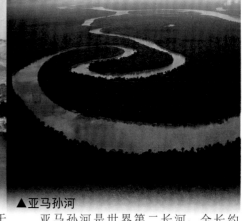

▲亚马孙河

亚马孙河是世界第二长河，全长约 6400 千米，在流淌过南美赤道地区后进入大西洋。亚马孙河穿过地势低平的亚马孙雨林，每年洪水泛滥之时，都会将这片雨林淹没数月之久。

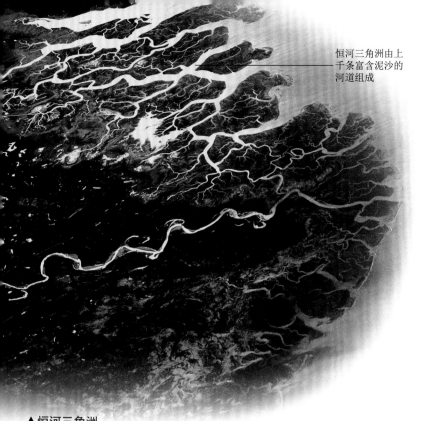

恒河三角洲由上千条富含泥沙的河道组成

尼罗河谷的肥沃农田▲

几千年前，古老的埃及文明开始在尼罗河岸蓬勃发展。河流每年的泛滥都会在洪泛区中淤积大量的泥沙，而这些泥沙中带有的矿物质，使得洪水过后的沙漠中出现了一条细长而肥沃富饶的农耕走廊。阿斯旺大坝从1970年起开始调控洪水。大坝的建成使得农耕在干旱季节里变得更加容易；但同时大坝又有效阻止了河流泥沙的淤积，从而使得农民不得不添加化肥来促进作物的生长。

▲恒河三角洲

恒河发源于喜马拉雅山脉，之后蜿蜒穿过印度和孟加拉国，全长约2510千米。它并入布拉马普特拉河后穿越孟加拉国，最后注入了孟加拉湾。在流入海湾时，河流流速减缓，使得水流中泥沙淤积。经过日积月累，淤积物最终形成了一个巨大而平坦的冲积扇，即三角洲。在这里，河流逐渐分叉，形成众多汊流。

河流的类型

克里特岛上的季节性河流

希腊克里特岛上的马利亚河，每年在春雨季节河水都会迅速上涨。克里特岛上的河流十分短小，并且大都穿流在岩石山地之中。这里每年降雨量很少，因而也很难保证河流能够维系一整年，断流现象颇为常见。在一些地中海气候地区，河流很可能在炎热的夏季彻底断流。

大洋洲大陆上的间歇河

这个小水塘在沙漠烈日的暴晒下正在不断缩小，它是位于澳大利亚北部炎热地区的托德河的余留部分。像托德河这样的河流就是所谓的间歇河，河床上只在很少的时间内有水流流动。每一年或两年才有一次的短期强降水，会使托德河水位迅速上涨；然而河水仍然很快就会蒸发，或者迅速下渗到干裂的土壤之中。

美国的永久河流

像密西西比河这样巨大的河流的水流没有一刻停止过。它又被称为"老人河"，全长约3780千米，发源于明尼苏达州的艾塔斯卡湖，之后穿过大半个美国流入墨西哥湾。它是北美最长的河流，流域面积达到约467万平方千米，覆盖了美国31个州和加拿大境内的2个省。

◀中国的三峡大坝

中国长江每年都会有规律的洪水泛滥。1994年，中国政府开始在长江上建造三峡大坝，于2006年建成。它的主要功能在于调蓄洪水、拦截泥沙，同时也为周围广大人口聚集地区提供清洁的电力能源。

▲孟加拉国的洪水

孟加拉国位于许多大河冲击而成的三角洲上，包括恒河、梅克纳河、苏尔马河和贾木纳河。孟加拉国地势低平，河流每年都会改道流经不同地区。因此，破坏性极大的洪灾时有发生，许多人和动物都无法幸免于难。但是洪水也并不是一无是处，它带来大量的营养丰富的泥沙，从改善进土壤，促进作物生长。

洞穴

　　洞穴作为一种引人注目的自然景观，形成于水对岩石的长期作用。例如，水波反复冲击、打磨峭壁，而逐渐侵蚀其表面，形成了洞穴。另外，雨水下渗到土壤中成为地下水；它们将埋在地表深层的岩石（如石灰岩）渐进地溶解时，也可以形成洞穴。其他岩石，如砂岩等则像海绵一样吸收地下水，并将它们贮存起来。地下水是宝贵的淡水来源，能够在干燥的季节补给缺水的河流和湖泊，也能够为众多家庭、农场以及工业生产所需提供水源。

洞穴中的蝙蝠▶

　　洞穴为群居的蝙蝠提供了一个繁衍、休憩的栖息之所。在热带地区，蝙蝠通常都会一直待在洞穴里，只有要捕食飞虫或者采集树果时，它们才会带着任务飞出去，在夜晚进行捕猎活动可以避免与食性相同的鸟类竞争。而在较寒冷的地区，当冬天将要来临时，蝙蝠能找到的食物也减少了；同时，其他的许多动物也发现，恒温的洞穴中是它们进行冬眠的理想之地。

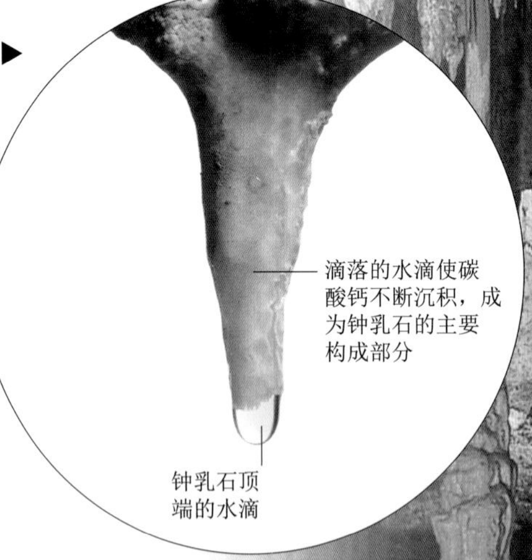

钟乳石的形成▶

　　地下水中溶解了空气中的二氧化碳，因而具有弱酸性。当它流淌在石灰岩岩层时，其弱酸性便能够帮助溶解岩石中的碳酸钙，从而侵蚀出的空间日益增大，最终成为洞穴。但当水滴自洞穴顶部坠落时，一部分水分在空气中蒸发掉了，使得水滴在洞穴顶部的石灰岩上留下了一些微小的沉淀物。久而久之，这些沉淀物——碳酸钙，逐渐累积起来，形成了钟乳石。

滴落的水滴使碳酸钙不断沉积，成为钟乳石的主要构成部分

钟乳石顶端的水滴

▲洞穴壁画

　　史前祖先对他们领地内的洞穴了如指掌，并且懂得充分利用它们——充当庇护之所来防范其他部族或者食肉动物的侵袭。人们发现的最早的人类艺术形式就是洞穴壁画。上图中这美丽的类似野牛的生物便是早期发现于法国南部拉斯科洞穴壁画的复制品。从图画中透露出来的、绘制时的谨慎与仔细，我们可以推断：这些动物显然对于我们的祖先十分重要。

◀钟乳石和洞穴内景

方解石的累积可以将洞穴内部变成十分奇妙的景象。当富含钙质的水滴从钟乳石上滴落时，它在其正下方的地面上留下了方解石的痕迹。这些微小的痕迹缓慢地堆积起来，形成一个丘，被称为石笋。一个石笋可以长得很高，以至于它可以与它上方的钟乳石联结在一起，在地下洞穴中形成一个完整的柱体。这需要数百年甚至数千年，才能形成大的石笋或者钟乳石。

下陷的洞穴使水流入地下

这烟囱状的管道是一条近乎垂直的岩石裂缝

狭长的岩缝是洞穴中的大储水槽

钟乳石从洞穴顶部垂下

石笋从洞穴底部突起

隔水层阻止了水的渗流

地下湖泊

▲洞穴的特点

石灰岩洞穴是由于地下水长期不断地渗入岩体而形成。弱酸性的水在岩石的空穴和裂缝间流动、穿梭，以同样的方法将穴顶、墙壁以及底面上的碳酸钙溶解掉。由此，水平的缝穴逐渐加宽，形成了狭长的、由地下水浸透的洞穴。这些洞穴相互连通，组成了一个复杂的洞穴系统，最终改变了其周围的地貌景观。洞穴中的河流从位于深层的坚硬岩层之上的出口流出，与此同时，地下水则不断渗入洞穴形成钟乳石和石笋。

▲地下泉涌

绿洲能够幸运地存活于沙漠之中，多亏了地下水的滋养。距地面一定深度下，岩石或土壤中的一切缝隙都被地下水填满，其水面所能达到的最高位置称为地下水位。而在这之上，是水与空气相混合的区域。在山谷或沙漠盆地中，地下水位可能接近或高于地面，由此水便从地下涌出，形成了泉源、井喷或湖泊。

▲溶洞坍塌

在水的溶蚀、沉积作用下形成了石灰岩洞穴——溶洞。当它的顶部接近地表的时候，即意味着洞顶很薄、很脆弱，极有可能发生毫无预警的坍塌。上图中的巨坑，就是1993年发生在美国佐治亚州亚特兰大市中某城市汽车公园里的溶洞坍塌。有的溶洞坍塌甚至能够吞没整幢房子。喀斯特地貌区到处都是溶洞以及这种溶洞坑。而"喀斯特"名字的由来，就是因为这种地貌在东欧斯洛文尼亚的喀斯特地区十分常见。

沙漠

沙漠有许多类型。终年炎热难耐的称为热漠，通常位于南北纬 15°～35°；而寒漠则位于高纬度地区，它们或许夏天还火辣辣地热，但冬天就变得寒冷而干燥；雨影沙漠则是由于其附近高大山脉对于潮湿空气的阻挡作用，因而缺乏降水所导致；西海岸沙漠上通常都有寒冷干燥的海风肆虐横行，并由此成为世界上最为干旱的地区之一。从数据上来看，所有的沙漠都有一个共同特征——年平均降水量小于 400 毫米。

◀撒哈拉沙漠

撒哈拉沙漠是世界最大的沙漠，广达900万平方千米，也是典型的热漠。撒哈拉沙漠上有着丰富的地貌景观：盆地、沙海、高原台地以及石质沙原。虽然如今撒哈拉以其炎热与干旱闻名于世，但当地发掘的化石则表明，那里的气候曾经也十分温和湿润，有着河流、湖泊以及肥沃的土壤。

沙漠分布图   **占地表面积 3.7%**

类型	区域比例（%）	主要分布区域
热漠	77	非洲北部，阿拉伯半岛，印度
寒漠	18	中亚
雨影沙漠	3.5	智利，美国加利福尼亚
西海岸沙漠	1.5	纳米比亚，秘鲁

尾节（或称尾刺）中含有毒液

前面的这对角须是有力的钳子

◀蝎子

蝎子是蛛形纲节肢动物，与蜘蛛、螨虫是"亲戚"。它们由于善于躲避白天的炎炎烈日而在沙漠中幸存下来：有的蝎子躲在岩石下，有的潜伏在它们用8只足挖出的沙穴中；而到了夜晚，它们就出来捕猎，昆虫、蜥蜴以及啮齿类动物（如鼠等）都是它们的猎物。蝎子的表皮或外露的骨架上有一层光滑如蜡的"外衣"，这能尽量减少它们体内的水分流失。

◀骆驼

单峰骆驼是阿拉伯国家本土标志性动物，从古埃及时代起，它们就被广泛驯养于北非地区。它们横越整个撒哈拉帮助商人运送象牙、盐以及金子，并且将沙漠中的原住民部落带入争斗之中。它们可以在长达两周的旅途中涓滴不饮；而且与羊群、牛群不同，人们也不需要担心由于过度放牧骆驼而对沙漠植被造成破坏。

沙漠植物

斯特尔特沙漠豆

这是一种开花的草药植物，生长在澳大利亚中部及南部。其灰色的叶子上有一层尖而短的小细毛，以此帮助锁定水分、保持叶表湿润。它们的种子有着坚硬的保护壳，使其能够度过漫长的干旱期；然而只要一下雨，种子就会疯狂地萌发出长长的新芽。

棕榈树

虽然棕榈树通常生长在近海的地方而不是在沙漠中，然而，居住在沙漠地区的非洲人和亚洲人确实从几千年前就开始种植棕榈树，并且将它们的用途扩展到几百种。例如，人们把棕榈树的果实、花甚至花粉做成食物；用它的汁液酿酒；利用其叶片的粗纤维制成绳子；将树干加工成木材；将果实中的核制成柴炭。

仙人掌

仙人掌以各种各样的形状、不同的大小生长在美洲的沙漠中，极好地适应了那里的环境。汁液丰富的茎在短暂的雨期里迅速膨胀起来，吸取并保存水分来度过之后漫长的干旱期。大多数仙人掌长有棘刺代替叶片，以减少水分的流失。棘刺还可以保护它们不受动物的啃咬，防止外敌的侵害。

怪柳

怪柳主要生长于中亚地区，它能够在盐碱化严重的贫瘠土壤上茁壮成长，高度可达 3 米。其根系也很长，能够探伸到沙漠地表下极深的含水层中吸取水分，所以怪柳的生长并不完全依赖于降水。在漫长的干旱期里，怪柳从它们纤细的枝条上脱去鳞状的叶片，进入一种"懒惰"的休眠状态。

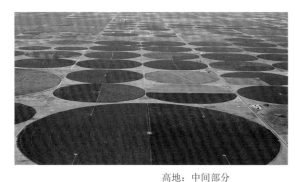

◀沙漠地区的改造利用

沙漠中，如果有足够的水，那么一些植物也是可以生长的。在美国的新墨西哥州的这些圆形田地里，人们用管子将沙漠地下的水提取上来，或利用科罗拉多河河水浇灌农作物。然而，也要注意浇灌过程的科学性，过度的灌溉也是毁灭性的：可能导致河流被污染，以及沙漠植物因盐分过量而中毒。

阿塔卡马沙漠▶

南美西海岸的阿塔卡马沙漠既是雨影沙漠，也是西海岸沙漠。安第斯山脉的阻挡作用使得潮湿空气在东坡滞留，并因山地的抬升作用而成云致雨，却无法抵达山脉西侧的沙漠地区。而来自西海岸的海风，是因寒流与陆地的空气流动而形成，所以其中所含的水汽极少，无法降雨。因而，阿塔卡马沙漠的沙质土中储存着大量的盐分，它们日积月累地沉积后，在部分地区形成了盐湖（也称盐坪）。

河谷：洪水侵蚀而成的小型沟渠谷地。除了雨后，土地表面都是干旱的

高地：中间部分是广袤的平原，边缘是高峻而陡峭的绝壁

岩石台地：一个小型的、单独的岩石平台

沙漠的特征▶

松散的沙子在风力作用下被堆积成或直线形、或曲线形、或金字塔状的沙丘；岩石的山坡在流水的侵蚀下也变成了平坦的台塬；短暂的暴雨形成湍急的洪流在岩石上"雕刻"出崎岖的沟壑，并从而扩大了处于低矮的盆地和平原上的冲积扇；而在低洼地区形成的绿洲则是沙漠中的"生命之岛"，成为寻找水源的第一选择。

岛山残丘：抗风化侵蚀的岩石所形成的单个孤丘

风力搬运沉积而成的新月形沙丘

风向影响着沙丘形成的形状

绿洲：为沙漠植物提供水源

热带森林

热带森林通常分布于赤道附近或海岛上。这些地方从太阳获取的热量极为丰富，而上升的热空气也易于成云，形成大量降水。世界上的热带森林有多种类型：有的干季很长并且炎热难耐；有的隐匿在凉爽而雾气缭绕的高山上。其中最著名的热带雨林是低地森林，气候终年温暖而湿润。虽然热带森林所覆盖的面积还不到地表的 3%，但它庇护着比地球上任何其他大生态群落更多的动物和植物。

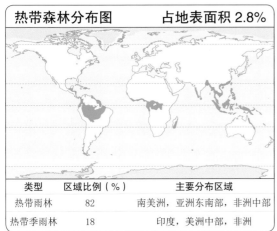

热带森林分布图		占地表面积 2.8%
类型	区域比例（%）	主要分布区域
热带雨林	82	南美洲，亚洲东南部，非洲中部
热带季雨林	18	印度，美洲中部，非洲

热带雨林▶

在低地雨林中，上千种的植物混杂地生长在一起，并逐渐趋于形成若干个层次。密集的树冠所形成的"天蓬"吸收了大部分阳光，于是之下的层次都按照结构分层的特点，逐渐变得更阴暗、更凉爽也更加潮湿。雨林树木的叶片宽大、光滑、厚实，叶端低低垂下，将多余的水分溢出，从而保护植物不受渍涝的侵害。

◀热带季雨林

在季雨林中，温暖的夏季风从海洋吹向陆地，带来湿润的水汽及大量的降水，形成雨季；而与此相反，凉爽干燥的冬季风则从陆地吹向海洋，由此形成了旱季。季雨林的"天蓬"比雨林的要低矮许多，也更加疏松而明朗，阳光能够照到底层部分，使那里生长出浓密的灌木丛。

◀常绿冬青树

季雨林中构成其上层"天蓬"结构的植物在每年旱季都会脱落掉它们的叶子，然而森林中构成下层结构的灌木，例如冬青树，则能保持它们的叶子过冬。这两种情况共同存在，使季雨林成为半常绿森林。

亚马孙洪泛森林

热带森林中，洪泛森林的特点极为突出：因降雨量过大，使得河水急涨并涌上河岸暴发成洪水的情况时有发生。在亚马孙的某些地区，树木每年中有 7 个月都是被浸在几十米深的水中。而这些树木的板状根则作为树干根基的良好支撑者，保护树木不被冲倒或冲走。同时，森林中的这些深水水道则是淡水豚的家，这种淡水豚被当地人命名为博图。它们有细长的喙状嘴，用来探测躲藏在河床淤泥里的食物，例如蟹、河龟、鲇鱼等。

露生树层

雨林中最高的树木有着笔直的躯干，而它们只在最顶端的树冠部分才长有枝条和叶子。这种巨人般高耸的树木被称为露生树，它们的高度使它们的树冠穿越"天蓬"，将其树冠"顶"在天蓬的上面，享受全方位的阳光。

巨嘴鸟的喙是中空的，边缘呈尖利的锯齿状，方便它们衔持食物

托哥巨嘴鸟▶

生活在雨林中的巨嘴鸟，拥有硕大的鸟喙，不仅能够啄破树皮直到树干内部，并在树洞中筑巢，还可以用大喙砍切水果。巨嘴鸟飞行的时候，总是会掉落些水果种子，而其中有些幸运的种子又长成一棵新树，反过来又为巨嘴鸟增加了食物来源。

"天蓬"——树冠层

从雨林的纵向结构上来看，在0～30米的高度上，高大树木的树冠向四方延展地生长，它们枝叶相触，相互缠结，就像一幅巨大而复杂的拼图，从而形成了牢不可破的叶质天蓬，截取了雨林享有的大部分阳光。

◀松鼠猴

在美洲中部及南部的雨林里，松鼠猴以 50 只或更多的数量群居在一起，生活在雨林中最高的树冠层。它们属于杂食性动物，从水果到蜘蛛以及鸟巢中的幼鸟都是它们的食物。

凤梨科植物▶

凤梨科植物属于附生植物，即这种植物并不扎根于土壤中，而是将根置于其他树木的枝干上。它们的根从被依附的树木或者空气中吸取水分及养料。

长长的叶片收集雨水

次冠层及中间层

稍矮些的树木在大约 15 米的高度上形成了雨林的次冠层及中间层。这一层将穿过冠层的阳光又削弱了一次，所以通常只有 2%～3% 的阳光能够提供给仍在其之下的森林枯枝落叶层。

硕大的眼睛可以帮助螽斯观察捕食者以及判断攻击距离

◀多刺魔鬼螽斯

螽斯可以算是雨林中最吵闹的昆虫之一。雄性螽斯求偶时磨锉着它们的翅膀而大声"歌唱"。大多数螽斯都以花和叶子为食，然而有些也捕捉被困在水池植物间的小昆虫。同时，它们又被鸟类、蝙蝠、猴子所捕食。所以通常情况下，它们都一动不动地变成绿叶样子栖息在植物间，躲避敌人。

螽斯身上的刺对于阻碍鸟类和猴子们把它们变成下一道美餐有着不可或缺的作用

枯枝落叶层

黑暗少光的枯枝落叶层的主要构成是填满了腐烂的树叶残骸的树根。这些腐烂的树叶被上亿的蚂蚁和白蚁"循环再利用"。而土壤中的菌类也能将有机物残骸转换成营养物质，以供根系吸收。

加彭蝰蛇▶

蛇类依靠太阳的热量来温暖自己的身体，所以它们在热带森林中生活得舒适而健康。加彭蝰蛇生活在非洲雨林的地面层，它们有着蛇类中最长的尖牙，可达 50 毫米。

蛇皮上的花纹是极好的伪装，能够保护它们在森林的地面上逃过天敌的眼睛

"大罐子"上方的叶子能够分泌出带有浓烈气味的花蜜来吸引苍蝇等昆虫

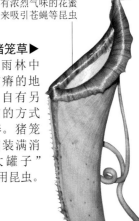

猪笼草▶

生长在雨林中土壤相对贫瘠的地区的植物，自有另一套不寻常的方式来获取营养。猪笼草通过它们装满消化液的"大罐子"来捕捉并享用昆虫。

温带森林

温带森林分布在气温、降水、日照长度的年际变化都很明显的地区。北方针叶林像一条巨大的带子环绕在北半球的北部地区，由常绿针叶树构成；橡树、山毛榉等，属于温带阔叶落叶林的树种，这种森林分布在冬天凉爽湿润、夏天温和多雨的地区，冬天，树木会脱落叶子以保存能量；地中海森林则分布在夏季干燥、冬季温和的典型地中海气候区；温带雨林则多分布在温和多雨的沿海山区。

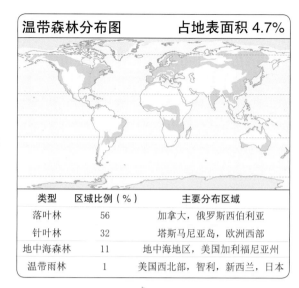

温带森林分布图		占地表面积 4.7%
类型	区域比例（%）	主要分布区域
落叶林	56	加拿大，俄罗斯西伯利亚
针叶林	32	塔斯马尼亚岛，欧洲西部
地中海森林	11	地中海地区，美国加利福尼亚州
温带雨林	1	美国西北部，智利，新西兰，日本

▲棕熊

漫长的温带冬季里，很多哺乳动物都进入了冬眠。冬眠是一种深层睡眠，这段时期心跳会减慢，而身体所消耗的能量也减至极少。棕熊在岩洞或者树洞中的冬眠每年能够长达 7 个月。在此期间它不用醒来进食，而是通过消耗在秋天时就储存在体内的脂肪生存。而母熊甚至能在它的洞穴中进行生育。

▲灰狼

灰狼曾经广泛分布于北美洲、欧洲以及亚洲。出于对这种食肉畜群的恐惧，移民者对狼群进行了大量捕杀，只在北部的森林深处、深山中以及苔原地带还有一些幸存的灰狼，所以现在这些栖息地都是狼群的大本营。狼是群居动物，群体打猎时捕到了像鹿或者北美麋一样的较大型动物时，它们就共同分享美餐。

▲雪中的针叶松

针叶树是在较为寒冷温和的地带及山坡上最常见的树木，它们短小的枝条使它们不用为如何减轻雨雪堆积在叶片上的压力而烦恼。在树木生长浓密的北部森林中，只有一些是极为耐寒的针叶树种。这些树的叶子呈针状，并且表面光滑如蜡状，从而减少水分的流失。由于这些针叶一年到头也不脱落，所以它们从春天开始就尽情地吸收阳光带来的热量，而叶片较深的颜色也有助于它们对热量的吸收。

▲花旗松松果

上图中的这些就是北美西部特有的花旗松松果。同一株针叶松能够结出两种不同的松果：雄性松果含有花粉，而雌性松果含有胚珠。在风的吹拂下，有些花粉被送到了雌性松果上，由此使上面的胚珠受精而产生了种子。种子成熟之后，掉落到地上，慢慢深入土壤，最终长出一株新的花旗松——完成了它的繁衍过程。

森林火灾

从几百万年前开始，火就在森林生态学中占有一席之地：它能够改变植物混杂的结构以及动物的种类；同时火灾又能够将营养物质（如氮）还原到土壤中去。像花旗松一样，有些树成年后全身便会包裹着厚厚的树皮，这使它们能够在火灾中幸免于难。现在，人类的活动正逐渐打乱自然本身的燃烧模式，有时甚至能导致难以控制的、足以烧毁整个森林的大火。

▲落叶林

每年秋季，天气转冷、日照长度下降的时候，落叶林便开始脱落它们的叶子。新鲜的叶子会在春天长出来，继续进行它们光合作用的使命。光合作用利用阳光中的能量，将二氧化碳和水转化为糖，以满足植物的消耗。同时，落下来的叶子变成了一条由腐烂的有机物所织成的地毯，为植物、菌类以及甲虫一类的昆虫提供养分。稀疏的落叶林中，也长有像榛树一类的灌木，覆盖着整个落叶林地面。

▲番红花

番红花能够充分利用落叶林地不断变化的自然条件来调整自己的开花期。球茎是植物自身构造中生长在地下的球状结构，冬、夏两季里，番红花将养分储存于其中。这种植物通常在早春时节开花，其时气温已经开始回升，而树木依然支棱着光秃秃的枝条，使得阳光可以直接透进来，温暖林地底层。也有些番红花，在秋天树林中的叶子都落尽后，才开始绽放。

▲温带雨林

在一些海滨地区，潮湿的海风给沿岸的森林带来了大量的降水。这种高湿度、强降雨而又寒暖适宜的气候，正是那些高耸入云的树木理想的生长条件。例如拥有这种气候的北美洲西北太平洋沿岸，就生长着高达100米的红杉。

▲蕨类植物

温带雨林里遍布着厚厚的攀缘植物、苔藓等下层植被。蕨类植物就是在温暖而潮湿的雨林中茂盛地生长。它们给人的第一印象很像"牧杖"——慢慢展开的嫩芽，其形状很像牧羊者所持的曲柄杖。它们将叶片中的小孢子散落在地上，从而繁衍出新的生命。

草原

在草原被农场与牧场的肆意扩展而不得不缩减之前，五分之二的地球表面都被它占据着，从寒冷的北方平原到炎热的赤道都能看到广袤的草原景观。草原也分为许多不同的类型，然而，所有类型也都有一些共同的特征。比如，它们每年的降水量通常都在 250 ～ 800 毫米。这种降水量对于要在土壤中扎根的树木来说太少了，对于沙漠来说又多得吸收不了，然而对于树木稀疏、开花植物罕见的大草原来说却是最理想的。同时，经常性有规律的灼烧能够使许多草场植物生长得更加茁壮。

▼塞伦盖蒂热带稀树草原

东非坦桑尼亚的塞伦盖蒂国家公园的大草原上，树木稀少，热带草场植被遍布——这样的草原被称为热带稀树草原。许多哺乳动物都生活在其中：高大的草原植被经大型动物（比如大象和野牛）吃食或踩踏后，便自然地在草原上出现了一条条野路；这些路又为中型动物（如角马和斑马）进食较低矮的草类提供方便；而较小型的瞪羚等，则多以植物低矮的茎干为食。食草动物随着季节的变化从一个水源地迁徙另一个水源地；然而无论怎样迁徙，它们的天敌——大型的猫科动物和其他的掠食者始终尾随其后。

草原分布图		占地表面积 6%
类型	**区域比例（%）**	**主要分布区域**
温带草原	67	澳大利亚，俄罗斯，中国，美洲北部
热带草原	33	撒哈拉沙漠以南的非洲地区，巴西，墨西哥

热带草原上的生物

白蚁丘

白蚁是群居性昆虫。许多热带草原上的白蚁种群都擅长建造土丘，这一"工程"活动能够把下层的养分带给表层的植物。白蚁以草类、其他动物的粪便以及土壤中的有机小颗粒为食。只有很少动物能够消化纤维素，而白蚁就是其中一种。

貂羚（也称马羚）

在辽阔的大草原上进食是件危险的事，食草动物们必须时时刻刻防范着土狼、狮子、猎豹的威胁。热带稀树草原上的蹄行哺乳动物有着不断进化而得的精瘦、轻盈的四肢，这使它们逃跑时快速如风；而有些像貂羚这样的还在头上长有尖利的角，使它们在无处可逃时能够最后一搏。

猎豹▶

猎豹是世界上奔跑得最快的陆地动物，它们在追捕像羚羊等猎物时，起动时的瞬间冲刺速度可达 110 千米／时。就这点来说，它们与非洲的其他大型食肉动物都不同。虽然特殊的技能带来了许多优点，然而也同样存在着许多问题。猎豹的进化使它们成为在广阔草原上的捕猎专家，但却在其他的地形区中束手无策。随着草原逐渐被耕地取代，猎豹也变得十分稀少。

▼北美大草原

　　北美大陆上多变的气候条件将北美大草原分成三种类型：东部的高草草原、中央大平原的混合草原，以及在较为干燥的西部和南部生长的矮草草原。在早期的历史时代里，大草原上每年都会有几场"灼烧干草活动"——或是美洲原住民故意地，或是由于闪电等而引燃大火，使得新鲜的草能够更加茁壮生长。如今，大约79%的大草原已经被改为了农场。

温带草原上的生物

小麦

　　世界上每年产出的小麦总量超过5亿吨，其中，加拿大和美国位列于世界前六的产麦大国之中。庄稼在原本是大草原的土地上生长，使那里的土地肥力过度消耗而变得贫瘠，同时农民为了丰收，每年不得不大量地给土地施用化肥。

草原犬鼠

　　上图中这些生活在草原上的、胖嘟嘟的啮齿动物能够长到30厘米长。它们聚居在一起的洞穴就像大杂院一样——"房间"很多，也很拥挤。洞穴里有专用睡觉的房间、储藏食物的房间以及紧急出口，方便它们在遇到雪貂、蛇等天敌时迅速逃走。"犬鼠"这个名字来源于它们一个习性——当危险临近时，经常用尖锐的犬吠声反复提醒同伴们。

濒临灭绝的野牛▶

　　北美平原野牛是家牛的"原始美国亲戚"，它们格外健壮，体重上吨。野牛群曾经遍布北美大陆，数量可达几千万头，然而从19世纪白人定居者为了将牛皮制成大衣、将牛肉烹成美食而大量地捕杀了它们；同时，野牛也被大平原印第安人猎以充饥。所以到了19世纪80年代，北美平原野牛就已经濒临灭绝了。后经过长逾一个世纪的关注与保护，野牛的数量有所增长，野牛的未来是安全的。

美国中西部的干旱尘暴区▶

　　美国中央大平原上风力强劲，从1935年到1938年，大风已经刮走了广布在上千万平方千米范围里的大量土壤，只留下一片荒芜的土地。美国人把那里称作"尘盆"。土地的毁坏始于19世纪60年代，移民者在草原上滥种庄稼、过度放牧。根系的逐渐退化，导致土壤在暴风来袭之际被轻而易举地掀掉大量表层。

20世纪30年代的沙尘暴侵袭之下，沙尘就像厚厚的云层一般，遮天蔽日，吞噬了农场

湿地

湿地，是指所有土壤中大部分时间总是被水浸满的区域，既包括淡水区又包括咸水区，从泥塘、沼泽到沿海的红树林都是湿地。湿地是动物们至关重要的避难所。它能够净化被污染的水道，保护生态系统抵抗极端恶劣的环境，像块巨大的海绵一样调蓄河水水位以避免洪水。然而，湿地对于水的依赖使它们自身也很脆弱，同时由于其重要性往往为人们所忽略，导致湿地已成为目前全球受威胁最为严重的生态系统。

湿地分布图		占地表面积 2.5%
类型	区域比例（％）	主要分布区域（示例）
内陆湿地	67	世界各地（奥卡万戈三角洲）
沿海湿地	21	世界各地（亚马孙河流域）
河流湿地	12	世界各地（墨西哥湾）

蜻蜓的翅膀能够支持它们进行长距离的飞行

蜻蜓▲

蜻蜓是一个厉害的猎手，有着一流的视力。由于它们生命周期中的一部分时光要依赖水源——蜻蜓的卵要在水下孵化5年才能成为幼虫，所以在湿地附近常能见到它们翩跹的身影。

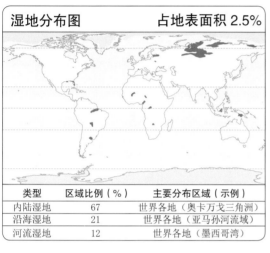

▲河流湿地

河流湿地总是处于不断变化之中。例如，携带着泥沙的河水不断侵蚀着突出的河岸；而在流速缓慢的地方，泥沙则会沉积下来成为新的河岸，也形成新的湿地。汹涌的洪水能够在河漫滩形成暂时性的湿地，同时也使土壤更加肥沃，并吸引更多成群的候鸟翔集于此。

▲苍鹭

苍鹭是欧洲河流湿地的食物链中处于顶端的捕食者之一（在北美洲它们的位置则被大蓝鹭所替代）。苍鹭以鱼类和蛙类为食。猎捕时，它们有时站着等待，有时也追踪猎物在水中的影子，等到时机成熟时，就将它们缩起来蓄势待发的脖子突然伸出，用其尖而长的喙攻击目标。河流湿地生态环境中食物链顶端捕食者还包括水獭、貂以及静水中的梭子鱼。

▲北卡罗来纳州的内陆湿地

在美国北卡罗来纳州，落羽松和水紫树是两种很有适应性特点的树——它们一年中的大部分或全部时间都浸在水中。而生存在沼泽中也讲究一套特殊的方法：它们伸出长长的根，像在用膝关节踩着高跷似的，支撑着树干远离水面。这些高跷似的根能够牢牢固定住树体，并且吸收氧气。沼泽中也生存着林鸳鸯、白鹭以及黑熊等动物。

咸海

位于乌兹别克斯坦与哈萨克斯坦交界处的咸海是世界上第四大的内陆海（湖），其面积大约与美国南加州相等。大约从40年前开始，咸海的水位持续下降，为了中亚农业生产需要而增加的棉花灌溉区，大量海水被转移至别处。整个咸海都收缩得极为严重，现在海面面积不足原先的一半，体积也减少了75%，甚至有部分海底已经变成了盐碱性的贫瘠区。如果照现在的情况持续下去，整个咸海都会消失。

鳄鱼 ▶

美洲短嘴鳄在美国东南部湿地生态系统中扮演着不可或缺的角色。在了无生气的旱季里，短嘴鳄为了生存通常在淤泥中为自己挖一个潮湿的洞穴。而湿地环境下的其他生物，无论青蛙、鱼类还是乌龟，都躲在这些"鳄鱼洞"中保持自身湿度，等待着雨季重新到来并将它们原先的洞穴涨满。

眼睛与鼻孔的位置较高，使得短嘴鳄身体浸在水中时也能用眼观察、用鼻呼吸

嶙峋而像铰链般的鳞片保护着短嘴鳄的身体

▲蚊子

与蜻蜓相似，处于幼虫期的蚊子待在污浊、腐臭的水中慢慢成长。为了使自己下腹中的卵在产育前更加健壮，雌蚊子通常用它们的刺扎破其他动物的皮肤而吸取一顿"血餐"，其"受害者"可能是蛙类、鸟类或者哺乳动物。某些种类的蚊子可能会借由这一过程传播一种十分危险的疾病——疟疾，这种病在全世界的"自然界杀手"中排名第一。

▲佛罗里达州的大沼泽地沿海湿地

大沼泽地湿地位于美国佛罗里达州的南部亚热带地区。在其中心方位上有一块巨大的泥炭地，由死去腐烂的植物成年累月缓慢堆积而成。每次降雨过后，雨水汇成一股清澈的水流，一直向南，沿途经过一个杂草丛生的沼泽后，再往南就到了沿海的盐性沼泽以及红树林沼泽。而如今人类所排放的农业污水及其他各种用弃的污水正在威胁着这一区域的生态健康。

▲海牛

在西印度群岛，海牛是一种水生哺乳动物，以水生植物为食。由于身上长着宽大的鳍状肢和铲状的尾巴，海牛能够在墨西哥湾的红树林沼泽及河流沼泽中自由巡弋，并享用海草及其他水生植物美食。它们每天的进餐时间长达8小时，成为沿海湿地清除水草堵塞的首要功臣。

北极

在北半球高纬度地区大陆边缘有着一片广阔的、树木稀少的平原，其上湖泊星罗棋布，这就是北极冻原。北极地区常年受太阳辐射很少，冬季昼短夜长，甚至还有极夜现象并且持续时间很长，有时还会下雪；土壤终年处于深度冰冻状态。对于北极的植物来说，生长无疑是个艰难的过程，想长高更是难上加难，其中苔藓和地衣就是典型例子。冻原的北部处于北冰洋中，北极点周围的水面都漂浮着海冰，它们的扩散与退缩标志着季节的变换。虽然北极的气候极为恶劣，但仍然有很多昆虫、哺乳动物、鱼类、鸟类在此繁衍生息。

▲ 海冰上的北极熊
北极熊能够轻易地从海冰窟窿里猎捕海豹。在游泳时，它们有矫健的身手，还有厚厚的奶黄色的皮毛做掩护，尽可能地为它保存着体内的脂肪以供取暖；在岸上时，它们也有迅疾的速度，奔跑起来可达 55 千米 / 时，并且能将藏在雪下的海豹幼仔找出来，并拖出洞穴。北极熊每天需要从食物中摄取 2 千克的脂肪，所以当海豹稀少、数量不足供应时，北极熊只好什么都吃：从鸟蛋、鱼类到海藻……冬季里，在洞中休眠以节省能量，而母熊则在 11 月到翌年 1 月期间生育幼兽。

◀ 北极
北极生物群落实际上始于森林线北部，此线以北树木不能生长，这条森林线即北纬 66°34′ 的北极圈。北冰洋面积为 1400 万平方千米，是世界上面积最小的大洋；而位于其中心的北极点，在不断移动的海冰之下静静沉睡。北冰洋四周与北美洲大陆、欧亚大陆的北界相接。格陵兰岛几乎全岛都在北极圈以内，终年积雪覆盖。

南极

南极是以南极点为中心的冰封大陆。冰川的脱落形成了南大洋中巨大的冰山。与北极地区相似，南极地区受太阳辐射也很少，每年的 3 月到 9 月，南极附近地区见不到太阳。即使是在夏天，85% 的日照热量也被冰面反射掉了。由于每年的降雪量很少，南极大陆是个货真价实的寒漠，很少有动物能在其上生存。然而，南极大陆周围的海洋中却富含各类营养物质，附近的群岛上生存着大量的野生动植物。

▲ 气象站
20 世纪初，探险家们冒着严寒到达了南极。从 20 世纪 50 年代起，南极就成了国际科学研究的中心之一。地质学家们在冰上钻出很深的洞以提取几千年前冰的样本，并且用它们来推测世界气候变化。从南极洲发现的化石表明，几百万年前，南极地区曾是个生长着树木且有爬行类动物生活的温暖的地方，此后南极大陆漂流到此，变成冰封陆地。

◀ 南极
除南极大陆外，南极地区还包括南大洋和众多岛屿，比如凯尔盖朗岛、罗斯福岛、南设得兰群岛、南奥克尼群岛等。南极大陆被威德尔海和罗斯海所"雕刻"着，南极半岛从两个海域之间伸出。南极大陆终年被海水包围，夏天时的覆盖范围达 400 万平方千米，而冬天的覆盖面积是夏天的 5 倍。

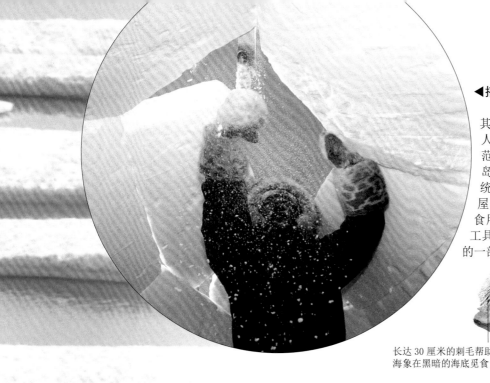

◄搭建雪屋

人类在北极地区已经生活了几千年。其中包括阿留申人、因纽特人、尤皮特人、雅库特人、萨米人等。这些种族生活范围包括从阿拉斯加、加拿大、格陵兰岛，向东一直到西伯利亚的广袤地区。传统时期的家庭都住在图中这样的冰屋或石屋里。他们捕猎鱼、鲸、海豹、海象等，食用它们的肉，利用这些动物的骨骼制成工具，利用其皮制成衣服。然而现在，他们的一部分人已经接受现代社会的生活方式。

海象在岸上时，厚厚的皮肤会因血液循环而泛出粉红色

长达 30 厘米的刺毛帮助海象在黑暗的海底觅食

海象▶

海象是生活在北冰洋浅海中的一种哺乳动物。它们求偶时经常聚集在海冰形成的岛或者石砾沙滩上；雄性海象通常用长牙互相攻击以表现自己。虽然海象在陆地上爬行起来很是笨拙，但在论起水中的游泳技术却是一流。它们鼻端长有刚硬直挺的刺毛，同时厚厚的皮毛足以抵挡在海底潜水觅食——如蛤蜊、蚌类等——所受的严寒。春天到来的时候，母海象就会来到海滩上生产，每胎只产一只小幼兽，而未来的两年母亲都会亲自看护它，不离左右。

帝企鹅▶

帝企鹅是唯一生活在南极大陆的企鹅，这是令人难以置信的生存技艺。母企鹅在 5 月产卵。当它们回到水中觅食时，雄企鹅将卵在它们肚皮下的"小袋子"里裹好，历经一个南半球冬季将卵孵化。雄企鹅扎堆依偎在一起取暖，靠消耗体内储存的脂肪来过活。7 月时，穿着毛茸茸外套的小企鹅孵化出来了；母企鹅也最终回来了，来替换它饥饿的伴侣。

浓密的、像毛料一般的短羽毛防止水流进"袋子"里

◄座头鲸

座头鲸在南半球夏季时游至南极洲周围，捕捉鱼、磷虾为食。磷虾是以吃植物、浮游生物为生的小型甲壳动物。座头鲸能够被清晰地辨别出来——它有着所有动物中最长的鳍状肢，前缘有节状突起；它们还有极强的"乐感"，雄性座头鲸甚至可以"创作"出一系列音调复杂而悠长的曲子。另一些季节性地来到南极的鲸还包括蓝鲸、白长须鲸、大须鲸、长须鲸、南露脊鲸以及小须鲸等。

海洋（一）

　　海洋是地球上最大的生态系统，通常可将其分成以下三个区域：近岸水域，板块边缘海域，远洋海域。按照深度，海洋也可以被分为不同的区域：海面下200米内的表层水域，被称作光合作用带，层中的水体条件由上至下变化很大；在它下面的是中层带或称微光带，深度200～1000米，该层中的水体情况相对来讲颇为稳定；再往下，是深层带，或称深海带，深度一般在1000米以上，那里是罕为人类所探知的黑暗世界，生活着适应能力极强的各种深海生物。

皮鳃（凸垂状小肉球）能够帮助海星进行呼吸

灰海星▶

　　海星并不是鱼类，而是一种棘皮类——长着带刺表皮的动物：星形，具腕，腕中央是它的进食口，腕表面长有可多达40支的触手。海星并不像人类一样拥有一个大脑，而是在它的每条触手上，都连有神经；如果触手断了一条，那么马上会从原来的位置长出一条新的。海星也是食肉动物，以贻贝和其他贝类动物为食。

鱿鱼（也称枪乌贼）▶

　　鱿鱼是一种生活在远洋海域，以小鱼、小虾为食的软体动物。软体动物则指的是那些身体柔软而无脊椎的动物，例如蛤蜊、蜗牛等。鱿鱼有着极为发达的神经系统以及一流的视力，它们能够通过变换皮肤的颜色而进行交流。

两根长触须的顶端附有吸盘，帮助它们捕获猎物或进行交配

▲鹦嘴鱼

　　鹦嘴鱼的名字起源于它酷似鸟喙的牙齿。它是食草动物，通常只会细细咀嚼珊瑚表面的海藻等植物。到了晚上，有些种类的鹦嘴鱼会吐出黏液在它们身体四周制作一个袋子，将自己装进去。这个袋子可以防止它们的气味在水中留下痕迹，从而保护它们在睡觉的时候不受掠食者的侵害。

▲珊瑚礁

　　珊瑚礁是由许许多多小型的、个体的珊瑚虫组成的群落。每只柔软的珊瑚虫都有一个石灰质管形外壳，并且每只都把自己永久地固定在另一只珊瑚虫的身体上，从而在所依附的岩石上构成了团状的、树枝状的或者扇状的珊瑚礁。珊瑚虫以其表面的藻类植物为食而顿顿饱餐。然而藻类的生长需要阳光，所以发现珊瑚礁的地方通常多是浅海或近岸水域。

▲龙虾

　　龙虾是甲壳类动物，身上长有坚硬而多节的外壳，并有四对步足；而其第五对足则被它们改造成了强有力的爪子。龙虾的洞穴通常建在沙质或多岩石的海底，以躲避其猎食者伺机捕猎。龙虾是杂食性动物——从小鱼到水生植物，甚至它们的同类——任何东西都可以成为它们"菜单"上的一道美食。

鱿鱼的外套膜由厚墩墩的肌肉构成，包裹并保护着其体内的所有器官

八条触手上长满了吸盘

浮游生物

糠虾

糠虾是小型甲壳类动物，无论是远洋海域、珊瑚礁，还是淡水水域，都可以成为它们的栖息地。它们大量地群集在一起行动，能够将水中细小的营养颗粒过滤出来享用。雌性糠虾能够将它们的宝宝在其特有的小腹袋中保留数个星期。同时，糠虾也是众多鱼类"菜单"上的一道重要营养配餐。

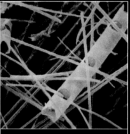

浮游植物

浮游植物是微小的单细胞生物。它们只能在"光合作用带"生存，在那里，浮游植物能够从海水中吸取更多的养分；同时，在更靠近海岸的水域也更容易找到浮游植物。而大量的浮游植物顺着洋流漂流时，便成了浮游动物眼中一道可口的、新鲜的美味汤羹。

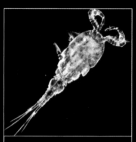

桡足类动物

桡足类动物是一种微小的、成群移动的浮游动物。与糠虾相同，桡足类动物也属于甲壳类动物，并有着坚硬的外壳以及许多条触足。世界上的桡足类动物的种类超过7500种，数量多至几十亿只。它们以食用浮游植物为生，但同时又是浅滩中的鱼类（如青鱼等）的重要食物来源。

▲板块边缘海域

当大洋板块和大陆板块相撞时，大陆板块边缘形成坡度较缓的大陆架，其平均深度为130米；而再往里一些，则是即将远离近海水域的、陡峭的大陆坡。板块碰撞边界的区域，只占整个大洋海域中的很小一部分，却给海洋生物（包括甲壳类动物）提供了最富饶的栖身之所。这一现象在位于高纬地区的板块边缘海域则更加明显——由于水温的垂直差异，底层海水上泛，将丰富的营养物质带到海面。

▲蝰鱼

在黑漆漆的深海领域中，再厉害的猎手也很难捕到猎物。捕猎要么一次性成功，要么就是彻底失败。蝰鱼有着铰链状的宽大下颚以及有弹性的腹腔，使得它们能够吞噬掉大型猎物；而针刺状的牙齿在口腔中以回扣的角度紧密排列，使猎物有来无回。有些种类的蝰鱼甚至能够发出微光来引诱其附近的"美食"送上门来。

▲远洋海域

远洋海域中缺乏丰富的营养物来源，是整个海洋中最贫瘠的海域。生活于其中的生物主要还是微生物，它们微小且呈群体性移动；当然也有少数鱼类、甲壳类动物及其幼虫，在远洋海域中自得其乐。而海底深处，对于大多数生物来说太过黑暗，且处处都是难以承受的巨大压强。然而，仍然有大量有机物质沉到海底，滋养着栖息于深海的生物们——如海星和蠕虫等。

海洋（二）

　　海洋分布的面积占地表面积的 70% 以上，其平均深度为 3.8 千米；它给地球上人类已知的、超过 25 万种的动植物提供生存家园；人类现在所知的海洋物种是陆生物种的 6 倍。在人类不断发明深海勘探方法的同时，更多的海洋物种将被人们发现。海洋也在影响着我们的生活。它能够给人类提供食物、水、药材、工业原料以及能源，调节地球上复杂多变的气候，提供物流交通的航道以及海洋娱乐的场所。没有海洋，也许地球上根本不会有生命。

◀光合作用带

　　大多数的鱼类、龟类，或者其他大型海洋动物，都生活在表层海域——海面下 200 米的水域中，这部分水域被称为光合作用带。在这里生活的众多生物中，大部分是浮游植物，它们是微小的、多呈群体性移动的、顺水漂流的类植物生物。浮游植物能够进行光合作用（利用阳光和营养物质来产生能量）来喂饱自己，同时它们本身也是海洋食物网中重要的蛋白质来源。

◀微光带

　　微光带的范围能够纵深到海洋的 1000 米深处。其中生活的动物们，例如青鱼和鱿鱼等，夜晚会浮到海洋光合作用带去觅食浮游生物，而白天它们则下潜到较深的海域中。微光带中有许多大型动物，抹香鲸就是其中之一。它们给人们很好地展示了海洋的"宽容性"——海水的浮力使得海洋生物不必担心能否支撑过重的身体，因而它们能够长得比陆生生物更为巨大。

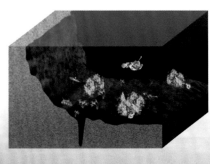

◀深海带

　　海洋深处是一个寒冷的、含盐量很大的、漆黑的世界。在那里生活的鱼类很少，并且个头都很小。其中的捕食者，例如蝰鱼，会发出微光来引诱猎物靠近它们。海底的爬行类无脊椎动物则只能以从其上层海域"洒落"下来的有机物碎屑为食。在深海海底，营养物质随着海底火山的温泉上泛，给一些不依赖氧气生存的生物提供食物。

▲盐蒸池（又称盐池）

　　在海洋边缘，海水蒸发会形成盐的结晶。海水中盐分的 3.5% 是含有氯和钠元素的矿物质：有一部分来源于河流——矿物质元素从陆地岩石中溶解出来，随水流一并注入海洋中；有一部分来源于海底火山——不时地喷发以及其产生的温泉增加了海洋中的矿物质。海盐的生产是工业产业的一个重要部分。

世界洋流图

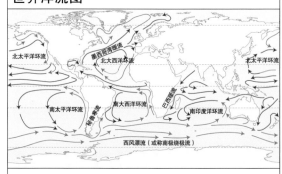

　　遍布于世界各地的洋流在海洋中不断运动。在北大西洋，寒冷的极地表层海水进行下沉运动；冷海水的下沉，导致赤道上吸收了大量太阳辐射的温暖洋流向寒冷水域回流；同时，海底的上升流，促使美洲与非洲大陆西海岸的寒冷而富含营养物质洋流，进行离岸运动。大洋表面海水在风力作用下进行的循环运动被称为大洋环流，其循环轨迹就是大洋环流圈。在南大洋有着常年不变的西风漂流，其驱动力便是海面上的盛行西风。

广阔的海洋▶

　　地球上主要有四个大洋——太平洋、大西洋、印度洋、北冰洋。亦有学者将南极洲周围海域称为南大洋或南冰洋。南大洋每个大洋周围都装点着被大陆边缘陆地所分割的许多小型海域。海洋虽然看起来平坦辽阔而毫无特色，然而，巨大而高耸的山脉或山系通常是从海洋中隆起的。在板块交界的地方，海岭火山喷发往往更加频繁。大洋中的海沟能够深逾 11 千米。整个海洋所承载的水量能够达到 13.7 亿立方米。

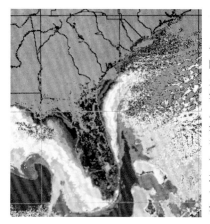

◀**佛罗里达州的墨西哥湾暖流**

　　从这幅佛罗里达州的卫星影像图中，可以看到，墨西哥湾的暖流所呈的橘黄色与常温海水所呈的蓝色形成鲜明对比。墨西哥湾暖流因吸收太阳辐射而升温，从加勒比海一直流向美国大西洋沿岸，这使得深海的补偿流携带营养物质上泛，并且影响当地的气候。暖流的一部分继续向东前进，给不列颠岛带去温暖；而另一部分则继续参与到北大西洋的洋流环流之中。

海洋的利用

渔业

　　海洋是我们摄取天然蛋白质的第一来源，每年从海洋中打捞的渔业产量能够达到 8000 万吨，重要的捕捉对象有青鱼、鳀鱼（或称凤尾鱼）、鳕鱼以及黑线鳕鱼等。许多海洋生物还可以用于提取药物。然而过度捕捞造成很多种鱼类的生存数量急剧下降。

运输

　　海洋运输成本十分低廉，比公路卡车运输货物便宜 10 倍、比铁路运输便宜 3 倍。当今世界的运输领域，往返于大洋之间的大型货船运输占有重要的一席之地，它们满载着各种货物，如原油、金属矿物等。亚勒·维京号是世界上最大的油轮，能够装载超过 50 万吨的原油。供油轮行驶的运河，如苏伊士运河、巴拿马运河等，是连接海洋的捷径。

能源

　　海洋中的能源极为丰富，如今世界上三分之一的石油和天然气都开采于深海海底。尽管深海钻探成本很高，但船用钻机就可以从 2500 米的深度钻取原油。其他形式的海洋能源，如潮汐能、海浪能等海洋水体运动所带来的能源，可以通过设置于近岸海域的涡轮机转化为电能。

▲**风浪中的船只**

　　从人类第一次驶入海洋开始，猛烈的风暴就不断夺取了许多无辜的生命，然而这一切都不过是整个水体大循环的一部分。海洋表面的水分蒸发并上升，在高空形成了风暴云以及不稳定气团，同时还引起了强烈的疾风。云团携带着大量的水汽飘移至陆地上空，给我们带来降雨。尽管风暴常有如此暴虐行径，但因为海洋水的升温与冷却的幅度都要小于陆地，所以对于保持大气层内气温的稳定性来说，海洋仍是一大功臣。

信天翁长窄且笔直的翅膀，具备几乎所有的飞翔的理想条件

▲**信天翁**

　　南大洋是漂泊信天翁的栖身之所。它们有着硕大的翅膀，伸展开可达 3.5 米，能够在大风中持续地翱翔而不知疲倦；它们可以在两星期内飞越 6000 千米；只有在繁衍后代的时候，它们才会在偏僻的峭壁上着陆。信天翁会下降到近海面区域，捕食鱼类或鱿鱼，它们有时也会跟随捕鱼船，觅食船上所抛掉的食余垃圾。

海浪和海啸

海浪是能量在水体表面移动的外在表现形式。这种能量来自水面上方的风，风越大则形成的浪越高。海浪到达岸边时，通过拍打海岸和侵蚀作用形成海岸线的轮廓。波浪，为我们提供了一种清洁的能量来源；然而海浪同样也是危险的——暴风中的大浪可以掀翻远洋巨轮。海浪的所有形式中，最具破坏性的是海啸。海底地震、火山爆发或海底塌陷和滑坡等地壳运动都可能引发海啸。海啸最快的传播速度可达每小时 950 千米，这对于沿岸居民来说，无疑是一场浩劫。

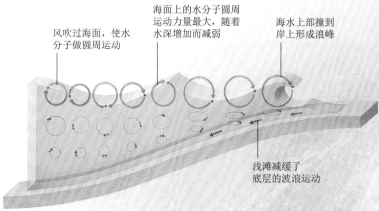

风吹过海面，使水分子做圆周运动

海面上的水分子圆周运动力量最大，随着水深增加而减弱

海水上部撞到岸上形成浪峰

浅滩减缓了底层的波浪运动

▲浪的运动

波浪在前进的过程中，海水在竖直或水平方向上做旋转运动。最上方的旋转运动形成了或回旋、或起伏的波浪。海浪造成的旋转运动深度可达波长（两个波峰间的距离）的一半。当一个波浪涌上浅滩时，较深处的回旋受到海底的牵制，使得波浪的底部速度减慢；同时这也导致波浪变得更加紧密，更易陡然升高并形成明显的波浪峰，最后成为碎波。

如墙面的波浪正面

巨大的碎浪▶

夏威夷的毛伊岛有世界上最大的海浪，其中的一些巨浪高度可达 18 米。最大的碎波产生于太平洋上，这是由于太平洋有最长的风带（风力能够吹拂的最远距离），使波能可以传播的距离极远；有研究曾追踪一个涌浪——它从南极洲出发，穿越太平洋，一直到达阿留申群岛，总距离超过 1 万千米。

波谷：两个波之间的最低点

▲波能

摧毁性海浪中包含了巨大的能量，每平方厘米压强之力就重逾千吨。理论来上说，潮汐和海浪中所蕴藏的能量无穷无尽。潮汐发电站引导海水从涡轮中流过，以此发电。但潮汐发电要求当地的潮差（高潮位和低潮位之间的高度差）最小应达到 5 米，而全世界也仅有不到 50 个地方能够符合这一条件。

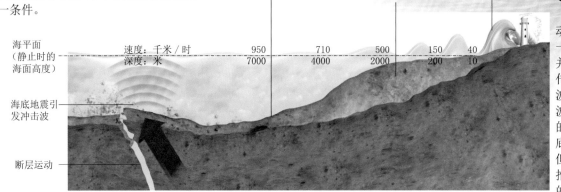

海水变浅使海啸减慢

越靠近岸边，水深越浅，使海啸继续减速

海浪不断升高，直到最终散裂

◀海啸

一次剧烈的地壳运动可能会在海洋上形成一个冲击波——海啸，并以迅雷不及掩耳之速传播。刚开始这个波的波长可能只有 1 米，但波长逐渐能够达到极长的距离。随着海水变浅，底层的波开始迅速减慢，但上层的波仍继续向前推进，直到携带着巨大的力量撞击在岸上。

海平面（静止时的海面高度）

| 速度：千米/时 | 950 | 710 | 500 | 150 | 40 |
| 深度：米 | 7000 | 4000 | 2000 | 200 | 10 |

海底地震引发冲击波

断层运动

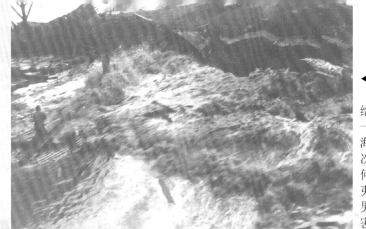

◀夏威夷的希洛岛

地震和火山活动引发了许多海啸，给人们带来了灾难。1946 年 4 月 1 日，一场海啸袭击了夏威夷的希洛岛。这场海啸是阿拉斯加乌尼马克岛附近的一次地震引起的。5 个小时之后，没有任何预兆，最高达 14 米的巨浪直击夏威夷东北海岸。170 多人，包括左图中的男子，被海啸夺去了生命。针对这一灾害，海啸预警系统（TWS）应运而生。

波峰：波浪的最高点

寸草不生的山坡显示
海浪当时所达的高度

◀阿拉斯加州立图亚湾

阿拉斯加州立图亚湾经历过有史以来最大的海浪。1958 年 7 月 9 日，立图亚湾发生了里氏 7.9 级的地震。这场震动引发了山崩——一块重达 9000 万吨的巨石落入峡湾，溅起的海浪高达 520 米，将周围山上的树木悉数冲走。

海啸高危地区

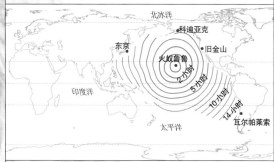

海啸能够形成一个宽阔的前锋，在数小时内穿过大洋。夏威夷岛链是受海啸威胁最大的地区，被称为"火圈带"的环太平洋火山活动区是地震多发地带。1946 年大海啸之后，美国设立了海啸预警系统。海啸预警系统以夏威夷的檀香山为基地，发布通过计算机运算得出的风险报告。假设有一个发源于檀香山附近的海啸，图上环形线圈则表示它到达沿途各地所需的大致时间。

▲日本奥尻岛

1993 年 7 月 12 日，日本北海道地区发生了一场水下地震，产生的海啸数分钟后袭击了邻近的奥尻岛。这场海啸导致 120 人丧生，造成了 6000 亿美元的财产损失。大多数海浪到达奥尻岛时高度在 15 ～ 20 米，岛上的一个山谷集中了海浪的能量，使浪高达到了 30 米，冲走了整个村庄。岛上储存的取暖燃料起火，烧毁了 340 间房屋。

厄尔尼诺现象

太平洋中的热带风和暖流通常自东向西流动。但每隔 2～7 年这一流动会逆转方向，于是温暖的海水开始从西流向东。这一反常的现象被称为厄尔尼诺现象，给太平洋地区数百万人民带来了洪水、干旱、饥荒和流行病等灾难。科学家尚不清楚厄尔尼诺的成因，但它恰好和南方涛动时间吻合。南方涛动是指太平洋地区大气压反转的现象。这两种异变联系非常紧密，以至于二者常常被合称为恩索（ENSO）。

▲秘鲁村庄的渔民

"厄尔尼诺"一词是由生活在秘鲁的渔民命名的，意为"圣婴"，即上帝的孩子，因为厄尔尼诺现象在圣诞节前后发生而命名。这些渔民的生计依赖平时流经这一海域的寒流。在厄尔尼诺现象发生的年份，温暖的逆流中所含的营养物质很少，鱼群因此或者饿死或者离开这一海域，而渔民的捕获量也大幅下降。

▲加利福尼亚海岸的洪水

有些年份中，厄尔尼诺现象比平时更加严重，使得很大范围内的天气状况都受其影响。1997 年和 1998 年间发生了有记载的年份以来最严重的一次厄尔尼诺现象。其时，猛烈的风暴袭击了加利福尼亚海岸，岸边的大量房屋和设施被破坏，造成了大约 5.5 亿美元的损失。同时，美国南方大部分地区也都受到了暴雨袭击。

◀巴布亚新几内亚干旱

图中是一位印度尼西亚的农民在拾起田中仅剩的烤焦的农作物。温暖的西太平洋通常受低气压控制，使得印度尼西亚、澳大利亚北部和菲律宾雨量充沛。但在厄尔尼诺发生时，向东流动的暖流带走了降雨，使这些地区变得高温而干燥。2015 年，巴布亚新几内亚和澳大利亚的干旱造成了无法控制的森林火灾和大规模作物歉收。

▲对厄尔尼诺现象的监控

1997—1998 年的厄尔尼诺现象造成了约 2.3 万人死亡。此后，美国科学家开始在太平洋地区部署气象浮动站监控网络。对大气和洋流的科学研究能够帮助气象学家做出长期预测，这对于预测可能到来的干旱和洪水而言非常重要。

红色区域表示暖流上升的区域

卫星图像▶

从太空中可以监测海水的温度，因为水温升高会使水的体积膨胀，令海水表面略微升高。卫星发射雷达信号并由海面反射，通过接收这一信号，卫星可以精确地测量出海面与卫星的距离。这张摄于厄尔尼诺现象发生时期的卫星雷达图像显示，太平洋中有一个巨大区域的海水异常升温（图中红／黄色），而通常情况下这一区域应该是寒流（蓝／绿色）。

暖湿空气上升、膨胀、冷却并最终成云致雨

东南信风吹向低压地区

西太平洋低压系统周围的温暖海水

干燥而寒冷的空气下降并在其过程中逐渐升温，在近海面区域内形成高压

南赤道海流的方向与信风相同

干燥而寒冷的空气下降，形成了高压

信风方向反转，吹回东方

洋流反转，温暖的逆流涌向东面

南美附近的海水异常升温产生了低压系统

▲平时的天气状况

澳大利亚受低气压控制，赤道附近太平洋在东部受高气压控制的同时，西岸海水受热蒸发，吸收了水汽的空气膨胀上升，随后冷却并产生降雨。寒流沿南美洲海岸流过，水平气压差将信风（热带风）向西南方吹拂；南赤道海流也随着这股信风使温暖的海水向西漂流。

▲厄尔尼诺现象的影响

厄尔尼诺—南方涛动使得整个系统反转。南方涛动在西太平洋上空制造高气压带，并使得南美洲处于低压控制。在这种情况下，信风开始变得紊乱，甚至逆向吹回东方。太平洋东部和中部的海水表面开始升温，这造成了一股巨大的暖流，一直向东流到南美洲并替代了通常的寒流。

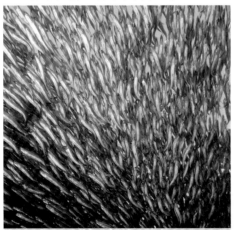

▲鱼群游向其他地区

厄尔尼诺时期，海水的温度升高使南美洲海域的生态环境受到极大破坏。没有寒流，海底的营养物质很难涌升到较浅的地方，以供给浮游生物。以浮游生物为食的小型鱼类，例如凤尾鱼、沙丁鱼和青鱼成群地死亡，其余的则迁移到别处。

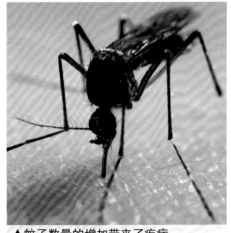

▲蚊子数量的增加带来了疾病

厄尔尼诺现象产生的降雨、温度和湿度的异常导致疾病的流行。蚊子在温度较高时大量繁殖，将疟疾和登革热传染给人类。其他与厄尔尼诺现象有关的疾病还有肝炎、黄热病和霍乱。

▲沿海受损地区

1997—1998 年的厄尔尼诺现象在东太平洋地区造成了极大范围的水温异常上升。这一异变影响了包括南美洲在内相当范围的地区：太平洋东北沿岸的俄勒冈州，水面较往年上升了 60 厘米。高温的海水造成了多次风暴和塌方。

深海探秘

深海世界充斥着寒冷而漆黑的海水，以及极大的压强。至今，绝大部分深海仍然是地球上人类未曾探察过的地方。20 世纪，人类仅能下潜到海面下几米的深度，更莫论深度可达近 11 千米的大洋底部。如今，科学家们运用或载人、或全智能机器的潜水设备，进一步地接近海水深处，并采集更多的样本。海面上的指挥船通过声呐及卫星定位设备来绘制海底地图。

深海挑战者▶

普通的潜艇只能下潜到 300 米深的海底。然而，海洋最深的地方——挑战者深渊，达到 11 000 米深。1960 年，雅克·皮卡德和唐沃尔什乘坐的里雅斯特号潜水器来到了海底并停留了 20 分钟。2012 年，电影导演詹姆斯·卡梅隆登上了著名的深海挑战者抵达海底，并进行了数小时的探索。

◀现代机器人探潜器

无人驾驶的机器人潜水器是用来探测压强巨大、深度极大的海域，那些区域太过危险而不适宜使用载人潜水器。而无人潜水器通常都很小巧，有些甚至不超过一个鞋盒的大小。

远程操控潜水器是通过深海电缆来接受命令的，电缆另一头与海面指挥船相连；与之相反，自主操控潜水器则是由它们自身装载的运行程序直接控制。1986 年，远程操控潜水器阿尔文号在离美国海岸不远的海域中，探察了沉在 3800 米深度的泰坦尼克号残骸。

图中是电脑通过声呐记录的参数绘制出的三维海底地形图

▲声呐——测量船的有力助手

科学家们利用声呐来绘制海底地图。这是一种利用声波进行探测的设备，它从靠近表面的部位"照射"目标——向海底某一宽带状区域发射声脉冲，然后记录声波返回的时间。通过读取时间参数，电脑便能够计算出距离，并由此绘制出三维的海底地形图。声呐位置离海底越近得到的信息越准确、越精细，比如能了解海底矿物的结晶情况等。

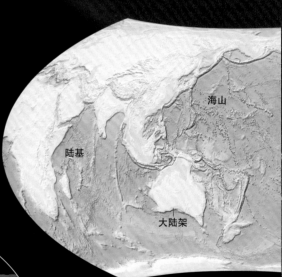

海山

陆基

大陆架

▲海底地形图

这幅海底地形图是由美国科学家玛丽·萨普与布鲁斯·希曾共同编绘而成。从 20 世纪 40 年代他们绘制出北大西洋海底地形开始，到 1957 年他们出版了世界上第一张大洋海底地形图。至此，众多科学家们才第一次认识到了位于大洋板块边界并使其不断扩张的海底火山、海岭以及海沟。

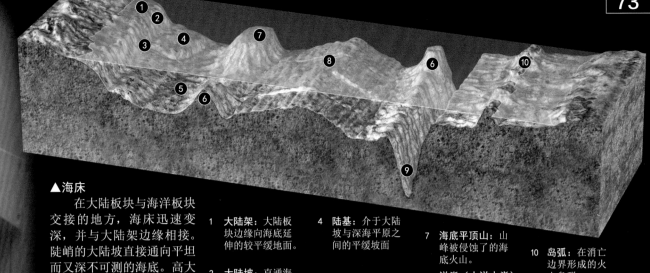

▲海床

在大陆板块与海洋板块交接的地方，海床迅速变深，并与大陆架边缘相接。陡峭的大陆坡直接通向平坦而又深不可测的海底。高大的玄武岩海岭矗立在海洋板块边界上，使其不断扩张。而另一种情况中，大洋板块俯冲到大陆板块之下，其交界处便形成了深深的海沟。

1　**大陆架**：大陆板块边缘向海底延伸的较平缓地面。

2　**大陆坡**：直通海底的陡峭坡面。

3　**海底峡谷**：由海水侵蚀作用而成。

4　**陆基**：介于大陆坡与深海平原之间的平缓坡面

5　**深海平原**：海底表层都覆盖着颗粒细小的沉积物。

6　**海山**：有山峰的海底火山。

7　**海底平顶山**：山峰被侵蚀了的海底火山。

8　**洋脊（大洋中脊）**：由玄武岩构成的巨大海底山脉，处在板块分界线处。

9　**海沟**：产生于海底的消亡边界。

10　**岛弧**：在消亡边界形成的火山岛群。

深海热液喷口▶

深海热液喷口是海底温泉的喷出处。海底地壳中火山内部不断运动，滚烫的岩浆岩将周围的海水加热形成了海底温泉。喷出的泉水在上升中逐渐冷却，最后又回流到海底，形成海洋深处的海水循环。热液又被称为"黑烟囱"，只因其中往往含有悬浮的矿物质，温泉呈现出一种"烟熏色"。在深海热液生物中，细菌能够将二氧化碳转化为糖分吸收，并且作为该生态群系生物链的基础生产者，能够供养生活在温泉喷口周围的超过300种生物，甚至包括长达3米的无脊椎虫类。1977年，在加拉帕戈斯群岛附近，深海热液喷口第一次被发现。

————"黑烟囱"是含有硫化物质的热海水

洋中脊

海平原

大陆地

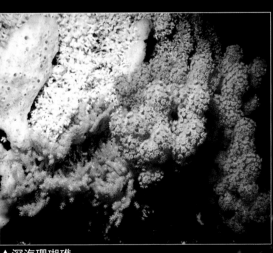

▲深海珊瑚礁

珊瑚通常生活在温暖的浅海中；然而科学家们利用机器人潜水器，在北大西洋及太平洋中深达3000米的地方，拍摄到了处于4～12℃冷水中的珊瑚礁，这些珊瑚靠捕捉海水中的食物渣屑为生。其他大部分珊瑚依靠生活在珊瑚礁上的藻类来帮助它们构建骨骼。有些国家法律规定，要保护他们的冷水珊瑚礁不受鱼类破坏。

大气层

大气层是围绕着地球的气体层。大气层几乎完全由氮气、氧气和氩气组成，此外还有微量的水汽和其他气体。大气层为我们提供赖以生存的氧气，并以降雨的形式给我们提供水源。它能够使我们避免被太阳释放的有害辐射所伤；还可以吸收阳光中的热量，从而保持气温的相对稳定。没有大气层的保护，人类可能已随着地球自转被冻死或烤成焦炭。

▲地球的大气层

从太空中看来，大气层就像笼罩在地球外层的一团云雾，充满朦胧之美。尽管大气层没有明显的上界，能够一直延伸到真空的宇宙中，但只有最下层 100 千米高度内的大气，才有足以抵挡太阳有害射线的密度。正是大气层，使得地球在太阳系中凸显出来：它是唯一一颗包裹着气体并因此使生命得以存活的星球。

▲乌云和雨

大气层是水循环中活动最为频繁的环境之一。水从海洋和湖泊中蒸发成水汽上升；空气越温暖，其中能够保持的水分也就越多。水汽被气团带到陆地上，逐渐上升并冷却，凝结成云，最终形成降雨。地区不同，大气层中所含的水汽百分比也不相同：沙漠中，其空气里几乎不含水分；而在潮湿的热带地区，其空气中的水汽含量可达 4%。

大气层的分层▶

根据温度的变化，大气层可以被分成四个不同的层。最外层的热电离层是最厚的，能够向上延伸 500 千米，直达宇宙空间；同时，热电离层的下部温度较低而上部温度却极高，上下温差很大。处于大气层最下方的是对流层，它的厚度只有 16 千米，通过吸收太阳辐射获取热量，并且承载着所有的气象活动。如今，对流层的成分主要是尘埃、土质颗粒、火山灰和不断增加的化学污染物。

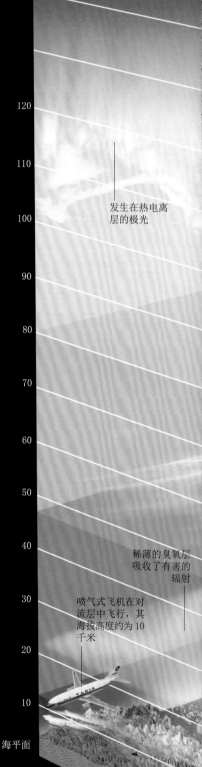

位于大气层上方的宇宙卫星轨道

120

110

发生在热电离层的极光

100

90

80

70

60

50

40

稀薄的臭氧层吸收了有害的辐射

30

喷气式飞机在对流层中飞行，其海拔高度约为 10 千米

20

10

海平面

海拔高度（千米）

▲英国柴郡赫尔斯比地区的烟雾

这片英国的土地上空，因工厂烟囱排放的污染物变得烟雾缭绕。而这些烟雾中含有臭氧，它作为氧的一种存在形式，与我们平时呼吸的氧气不同，臭氧分子含有三个氧原子。多数情况下，臭氧只产生于平流层。然而，工业废气，例如氮氧化物和碳氢化合物能够在阳光的催化下发生化学反应，从而在地表产生臭氧。臭氧对人类来说也是有害的，一旦吸入，便会使肺部受伤。

▲臭氧层空洞，2003年

从这幅彩色的卫星影像图上可以看出，南极洲上空的大气层中臭氧含量很低。尽管自2000年以来这一臭氧层空洞（图中深蓝色）的面积已经略有缩小，并且据预测在未来的数年内还将继续减小，但从现在看来，这个空洞的面积仍达28.2平方千米。这些都提醒我们，在享受臭氧层对地球上的生物的保护——使其免受有害的紫外线辐射的同时，也要重视对臭氧层的保护。

▲风急雨骤的大海

活跃的大气层是暴风雨产生之处。地球表面的受热不均，导致了气压的不均衡分布，由此便产生了空气从高压地区向低压地区的水平流动，形成了风。最猛烈的风被称为飓风，它通常因异常巨大的暖湿气团上升而产生。暖湿气团的上升在它的下方生成了一个低压区域，吸引周围空气不断以高速涌入。

▲流星屏障

大气层不是固体，但对于流星来说，大气层相当于一面巨大而柔软的墙。每天都有数以千计的流星在万有引力作用下，从太空中冲向地球。它们与大气发生摩擦，从而产生了大量热量，使得它们在撞击地面前就已经燃烧殆尽了；只有少数体积足够大的流星能够到达地面，但也只有其中少数能够造成破坏。月球斑驳的表面显示了，由于缺乏大气层的保护，而被流星多次撞击的惨烈后果。

热电离层
大气的最外层，与真空的外太空相接。

流星在大气中摩擦升温，多数在陨落过程中已燃烧殆尽

中间层
在中间层中，气温随着高度的增加而降低。这一层含有极少的水汽。它的下界是平流顶层（或称中气层高温点），上界是中间层顶。

形成于中间层的上部的夜光云，多由流星尘埃和冰晶形成

平流层
平流层中因为有臭氧层的存在，而使其自身也显得尤为重要。臭氧层大约可高达25千米，它能够吸收对人类有害的太阳紫外线辐射。而在平流层的其他区域，其气温却因紫外线辐射而异常升高。

天气活动仅出现在大气层的最低层——对流层

对流层
我们生活的地方就处在对流层中。强烈的气温变化使得空气流动复杂，常常多种气团相混杂，也由此形成了我们通常所感知的"天气"。

60
-10
-80
-90
-80
-50
-30
-10
-20
-40
-60
-60
15

平均气温（℃）

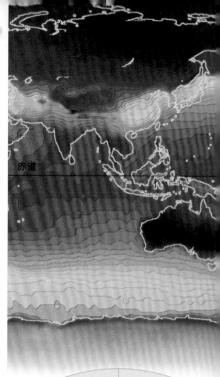

◄极寒

气候影响着人们的生活方式。极少数人选择生活在严寒中，但那些生活在极地的人们已经习惯并开始依赖这种气候。北极地区的因纽特人利用当地的动物作为交通工具、食物和服装来源，这一习惯是从长期在当地气候下的生活经验中形成的。在冬季，他们在大洋的冰面上捕杀海豹和海象。

因纽特人在身上穿许多层动物皮毛，以此抵御严寒

驯鹿被作为交通工具、食物和服装来源

气候变化

太阳、大气、地球和地表水体（尤其是海洋）的互动产生了地球多变的气候。气候，是对某地区长期的天气变化规律的总结。由于日照、温度、降雨、风、洋流和地形等因素的影响，各个地区的气候都不尽相同。以整个地球为尺度来看，气候也在不断变化着。地球过去曾经历过比现在更温暖或更寒冷的时代。科学家认为，人类正在加速全球变暖的进程，如通过燃烧煤炭、石油和天然气，释放出二氧化碳这种温室气体。

太平洋

北冰洋
北极

美国　劳伦泰德冰原

西伯利亚冰原

俄罗

大西洋

图例
□ 冰层
▷ 冰层流动的方向
□ 海冰
□ 海平面下降形成的陆地

骆驼能够调节自身体温，白天体温上升，夜晚释放出多余热量以保暖

裹头能抵御强烈的太阳辐射及沙暴

用来钻探冰核的中空钻探管

◄极热

这幅图摄于北非沙漠，一位图阿雷格牧驼人正在照料他的骆驼。德国科学家弗拉迪米尔·柯本发明了一套系统来对地球上的各种气候进行分类。他根据气温和降雨量，将不同气候分为五大类。在柯本的这套系统中，沙漠被定义为降水率小于蒸发率的地区，这一地区永远处于缺水状态。而与生活在北极地区的因纽特人相似，对于生活在北非的图阿雷格人以及这些骆驼，已经适应了当地这种极端的气候。

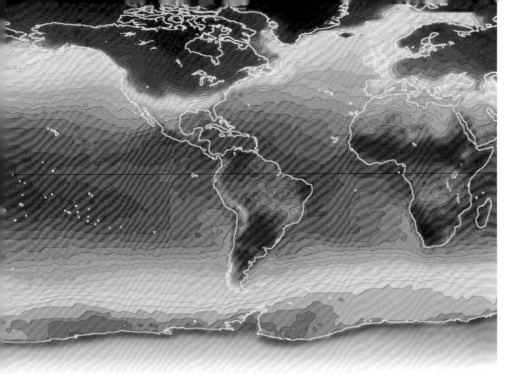

▲钻探深海中的沉积岩心

这幅图所显示的是科学家正在从海底回收一块沉积岩心。海底样本是地球气候变化史上的一份很有价值的记录。举例来说，它们含有一层层显微镜可见的化石，这种化石对海水温度非常敏感，因此可作为历史气候变迁的记录。被冰山带入海中的岩石碎片可以揭示冰川在陆地上活动的地点和年代。

▲世界平均气温卫星影像图

气温和降雨是影响气候的两个关键因素。这张图显示了1月份世界各地的平均气温。淡紫色表示低温区，最低气温可达零下34℃；粉色和红色表示较高温区，有16～34℃；还有最高的36～40℃区，以黑色标出（如澳大利亚地区）。尽管最高温度和最低温度间跨度很大，当今的全球气候相比之前的许多时代来说，已经温和了很多。1亿年前，地球可能比现在要更温暖6℃。

◀最近一次冰期的冰川扩张

最近一次的冰期结束于10 000～15 000年前，当时冰层覆盖了30%的陆地。北极冰原不断伸展，覆盖了北美、西伯利亚和欧洲1900万平方千米的土地。南极冰原被限制在了南极大陆的土地上，和现在相比没有变化。海水变成了水蒸气，最后成了雪和冰，从而使得海平面下降。而海面下降又造成了各大洲边缘不断有新的陆地露出水面，其中包括连接北美洲和西伯利亚的大陆桥。

1980年圣海伦斯火山喷发出的火山灰形成的黑云

3600米深度下的冰样

◀地质学家在研究冰核

当全球气温下降，使冰层面积增加时，就会产生冰川作用。地质学家通过研究冰核来了解冰川作用产生的年代和持续时间。举个例子，最近一次冰期开始于300万年前，其后发生了20次，每次间隔约10万年的冰川作用。冰核中的每一层都保存着二氧化碳、甲烷气体、尘埃、火山灰和花粉，为我们提供了那一时期大气状况的记录。人类已知的最古老的冰川作用发生在大约23亿年前。

▲圣海伦斯火山中的火山灰

喷发中的火山会释放数百万吨的火山灰和包含着二氧化硫的气体进入大气；二氧化硫气体与水蒸气混合在一起，使云层中的细小水滴都含有硫酸。这个过程中，一部分阳光被散射回太空，使地球表面温度降低。大量的火山灰，如1815年印度尼西亚坦博拉火山喷发时产生的火山灰，造成全球气温降低持续一年以上。

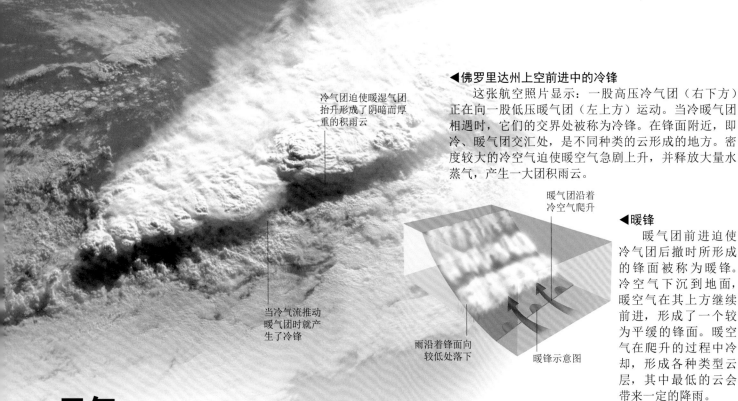

冷气团迫使暖湿气团抬升形成了阴暗而厚重的积雨云

当冷气流推动暖气团时就产生了冷锋

◀佛罗里达州上空前进中的冷锋

这张航空照片显示：一股高压冷气团（右下方）正在向一股低压暖气团（左上方）运动。当冷暖气团相遇时，它们的交界处被称为冷锋。在锋面附近，即冷、暖气团交汇处，是不同种类的云形成的地方。密度较大的冷空气迫使暖空气急剧上升，并释放大量水蒸气，产生一大团积雨云。

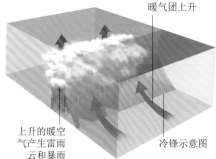

暖气团沿着冷空气爬升

◀暖锋

暖气团前进迫使冷气团后撤时所形成的锋面被称为暖锋。冷空气下沉到地面，暖空气在其上方继续前进，形成了一个较为平缓的锋面。暖空气在爬升的过程中冷却，形成各种类型云层，其中最低的云会带来一定的降雨。

雨沿着锋面向较低处落下

暖锋示意图

天气

我们周围每天的天气是由当地的大气活动决定的。暖日、阴天和突然而至的冰冷阵雨都是气团运动的结果。大气团内部通常有相同的温度和气压，因此它们经过时会带来几天的稳定天气。但当两股不同的气团相遇时，在相接处或是它们之间的锋面处，天气会发生变化。影响大气运动和压强的因素有许多，诸如当地山的高度或全球风和洋流。

冷锋▶

当冷气团迅速侵向暖气团时，会形成一个急剧上升的锋面，暖气团被迫迅速抬升。如果上升中的暖气团含有大量水汽，就会凝结成塔状积雨云。云中储存的能量会产生雷阵雨和强度极大却又短暂的降雨。

冷空气推动暖气团上升

上升的暖空气产生雷雨云和暴雨

冷锋示意图

◀锢囚锋

"锢囚"表示"被困"的意思。暖锋进入冷空气后，被随之而来的另一个冷锋赶上，这股冷空气在暖气团后方盘旋并推动暖气团上升。暖气团在上升过程中冷却，其中的水汽凝结，产生雨量极大的降雨。由此就在这三个气团间新产生了一个封闭的锋——锢囚锋。

锢囚锋示意图

冷气团推动暖气团

上升的暖空气降下倾盆大雨

全球风的移动

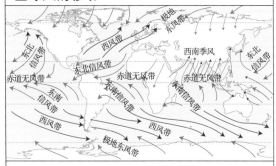

极地东风带
东北信风带
西风带
东北信风带
西南季风
东北信风带
赤道无风带
赤道无风带
赤道无风带
东南信风带
东南信风带
西风带
西风带
极地东风带

由于地球自转，刮向赤道的风向西偏，这类风称为信风。信风在赤道附近减弱消失，赤道附近形成赤道无风带。在温带，盛行风为由西向东的西风，盛行风也是由地球自转所控制。南北极地区上方的稳定的高压带吹出寒冷干燥的东风。在大陆，由于陆地和海洋上气温的季节变化而产生的季风给海洋沿岸地区带来降水。

风▶

空气从较冷的高压区域，流向较温暖的低压区域的运动形成了风。风会带来天气状况的急剧转变，尤其是沿海地区。在夜间，陆地气温比洋面上下降得更快，因此风从较冷的陆地吹向较暖的洋面；而在白天，情况则完全相反：陆地升温比海水更快，于是在陆地上方形成低气压并吸引海风吹向陆地。

◀旧金山雾

有些地区有其特殊的当地气候。夏季，迷雾笼罩着旧金山港。白天，加利福尼亚山谷升温并产生低压区域，将海风吹向陆地。当暖风夹带着从海水中蒸发的水分吹向陆地时，会经过被加利福尼亚寒流冷却的海面，于是水分开始凝结成雾。

———————加利福尼亚州的旧金山金门大桥

山脉对天气的影响

阿尔卑斯山脉

山脉对当地的天气状况有极大的影响。山上的高压系统会向山谷中不断输送寒风。在法国南部，干燥、寒冷的西北风从阿尔卑斯山脉吹来，并以极高的速度涌下罗纳河河谷。在法国的普罗旺斯地区，这股风是控制当地气候的一大重要因素。

森林火灾

南加利福尼亚地区的群山迫使从上方或是狭窄山谷间经过的风加速。当这些风到达山的另一侧时，已经脱去了所有水分。这些干燥而炙热、被称为焚风的风炙烤着峡谷中的植被，并且加大了引发森林火灾的风险。

沙漠之雪▲

天气现象中的变化之快、之丰富不得不令人称奇，一天之内就可能翻天覆地。位于北美洲西南端的莫哈韦沙漠，夏天十分干燥，年降水量不足150毫米，但由于位于温带高海拔地区，它并不是个炎热的沙漠；冬天，当地的气温可跌至-13℃，当地的植被可能遇到突然而至的降雪。

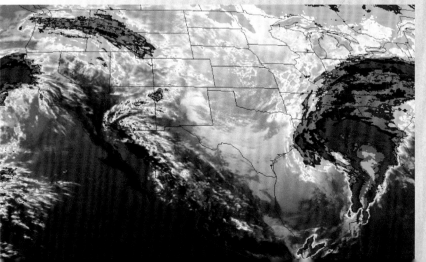

◀卫星云图

这是一幅美国上方大气状况的卫星云图。航天器和雷达是气象学家用来分析和预报天气的仪器。这些仪器的辅助是十分重要的：据估计，美国国家紧急事件中80%都与极端气象状况有关。和国家气象预报一样，局部地区气象预报也是为大城市服务的，大城市排放的热量和污染已经严重到能够决定当地的天气状况。

降水

降水是从大气降落到地表的水和冰的统称。水有在较小的温度变化区间内迅速地在固态（冰）、液态（水）和气态（水蒸气）之间改变其物态的特殊能力，这是水的一大特点。世界上的许多地方降雨量适中，但也有些地区极度干旱，另一些则饱受洪涝之苦。雨雪会在何地落下、持续多久，很大程度上取决于地域、季节和陆地形状。

世界降水分布

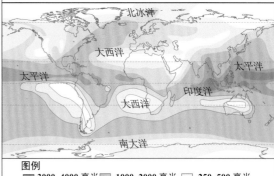

图例
■ 3000~4000 毫米　■ 1000~2000 毫米　□ 250~500 毫米
■ 2000~3000 毫米　□ 500~1000 毫米　□ 0~250 毫米

由于热带地区海上的热量大，导致了更大的海水蒸发量，降雨量也更大，使得空气湿度变大。极地地区很干燥，因为冷空气无法携带大量水汽。亚洲广阔的陆地使夏天这一地区处于低压控制，因此充满水汽的风从海洋吹向陆地；冬天高压又驱使干燥的风从陆地吹向海洋。这种季节性变化的风被称为季风。山脉对降雨也有影响，山的阻挡使暖空气抬升冷却，其中的水汽凝结成雨水。

◀降雨

降雨是由气团移动引起的。当潮湿、温暖的气流上升时会膨胀、失去能量并最终冷却。冷空气相比暖空气能携带的水分较少，因此水汽开始凝结成无数微小的水珠并聚合成云。水珠聚集在云中的灰尘或冰晶上成为雨滴。正如下图所显示，许多因素能够使暖空气形成雨云，其中包括冷暖气团交汇时暖气团的抬升、辐合作用以及山地地形对暖气团的抬升等。

不同类型的云

层云

层云的英文 Stratus 来源于一个意为"分层"的词语，被用来形容这种大体上形成均匀的层状的云。像其他描述云的术语一样，层云一词可形成组合词。雨层云是一层较低的灰色雨云。高层云是中等高度上的稍厚、稍白的层云。卷层云则用来形容厚、亮白而高的层云。

积云

积云的外形犹如大量圆形堆积在一起。通常它的底部是平的。这些蓬松的云在高海拔（卷积云）、中海拔（高积云）和低海拔（积云）都有存在。这些毛茸茸的、看起来像棉花的云象征着晴天，但是积云大量聚集并且底部厚而暗则是暴风云，并且预示着大雨的来临。

卷云

卷云存在于海拔极高的上层空间；由于高空缺少水蒸气的缘故，它们纤细而稀薄。卷云是由冰晶组成的，大都反射着明亮的白光；一丝丝看起来像头发的卷云组合起来又像马尾巴。卷云本身不会产生雨水，但它们可能是暖锋接近的第一个信号，预示着将要来临的降雨。

积雨云

上升的暖气团能制造被称为积雨云的塔状云，高度可达 18 千米。当暖空气抬升并冷却时，就会形成云并放出能量；如果它仍比周围环境温度高的话，就会继续上升。积雨云是雷暴雨的源头，它的上层可能含有雪或冰雹。

雨云的形成

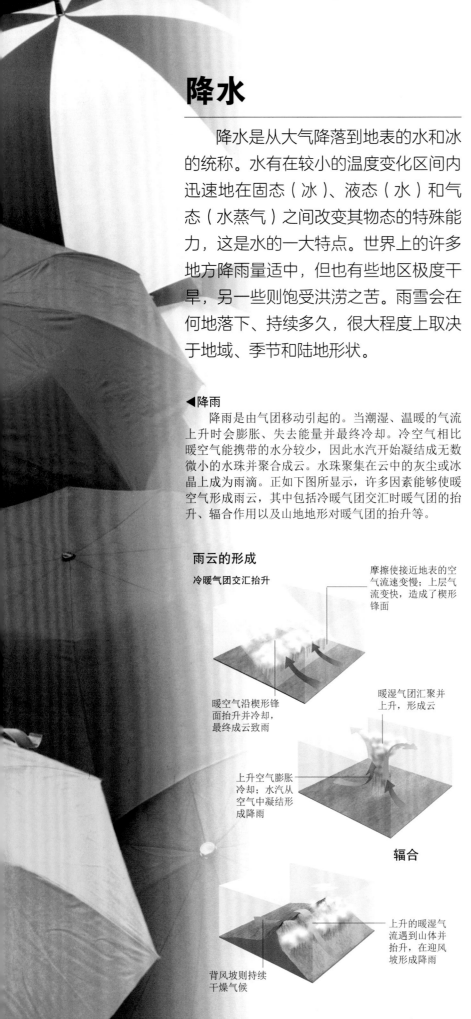

冷暖气团交汇抬升

摩擦使接近地表的空气流速变慢；上层气流变快，造成了楔形锋面

暖空气沿楔形锋面抬升并冷却，最终成云致雨

暖湿气团汇聚并上升，形成云

上升空气膨胀冷却；水汽从空气中凝结形成降雨

辐合

上升的暖湿气流遇到山体并抬升，在迎风坡形成降雨

背风坡则持续干燥气候

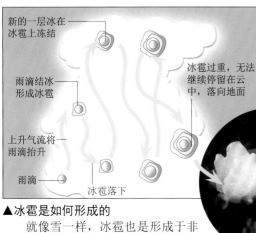

▲雪

雪花是云中的过冷水蒸气，即一些细小液滴，在冰点以下仍保持液体形态而形成的。过冷水汽在周围的任何表面上都会迅速冻结，所以当冰晶出现时，过冷水汽就会附着在它表面，从而使得冰晶越来越大；随着雪片越来越大，在重力作用下，雪花就从云端飘落下来。只有当近地的温度仍很低时，雪才能保持其结晶体的形态到达地面，而雪花通常是由数个冰晶组成的。

雪晶

▼雷和闪电

雷雨是由积雨云中紊乱的气流所引发的。雨和冰雹运动十分剧烈，聚集了大量的电荷——正电荷聚集在云的上层，负电荷则聚集在下方。当大气的电阻被击穿，闪电就在两种电荷间穿过，有时甚至贯穿于云层和大地之间。闪电将其周围的空气加热到 20 000℃时，便产生了我们所听到的雷声，这一水平的温度相当于太阳表面温度的 3 倍。同时，这个过程使得空气膨胀并压缩周围大气，产生了冲击波。

新的一层冰在冰雹上冻结

雨滴结成冰形成冰雹

冰雹过重，无法继续停留在云中，落向地面

上升气流将雨滴抬升

雨滴

冰雹落下

▲冰雹是如何形成的

就像雪一样，冰雹也是形成于非常寒冷的云层中的微小雨滴的聚集作用。但冰雹仅在有强烈上升气流的大型的云层中产生。开始时冰雹会略微下落一段距离，吸收过冷水汽；接下来强上升流又将冰雹抬高，更多水汽凝结在上面。这一过程不断重复，直到冰雹落下。大多数冰雹只有豌豆大小，而有些则可以像橙子一样大。

大型的冰雹

带正电的雨和冰雹聚集在上层的云层中

带负电的雨和冰雹在下层集中

云层中的负电荷通过闪电击向带有正电的大地

大地带有正电，吸引负电荷

▲智利的阿塔卡马沙漠

智利的阿塔卡马沙漠是世界上最干燥的地区之一。伊基克市在一个世纪内所降的大雨，不超过五次。安第斯山脉对潮湿水汽的阻挡作用，也是导致这种干旱气候的部分原因。

▲印度的乞拉朋齐

坐落于喜马拉雅山麓、靠近印度北部高地的乞拉朋齐，是世界上降雨量最多的地区。在夏季风盛行时，潮湿的海风从南面的印度洋洋面上吹来。

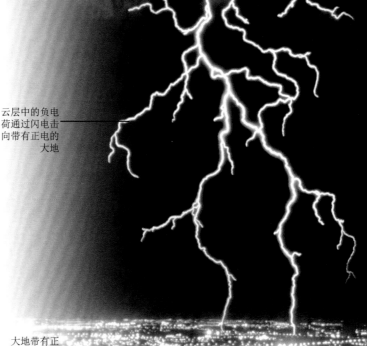

天气预报

对灾害性天气的及时预警可以挽救人们的生命和财产。气象学对天气的研究是以对大气的科学观察为基础的。气象学家从分布在陆地和海洋各个地方的气象台测量风力、温度、气压和其他的环境参数。这些数据由超级电脑进行分析并在各国之间共享，以此绘制成气象图，最终成为我们在电视上看到的天气预报。通过现代科技，天气预报员能够预报数日后的未来天气。

汤姆台风

紫罗兰台风

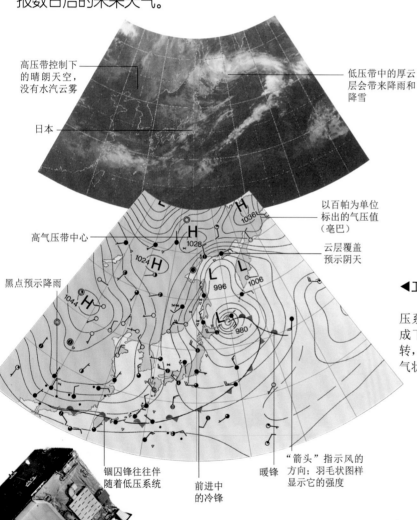

高压带控制下的晴朗天空，没有水汽云雾

低压带中的厚云层会带来降雨和降雪

日本

以百帕为单位标出的气压值（亳巴）

高气压带中心

云层覆盖预示阴天

黑点预示降雨

"箭头"指示风的方向；羽毛状图样显示它的强度

锢囚锋往往伴随着低压系统

前进中的冷锋

暖锋

▲散射图像显示日本周围的台风活动

卫星和飞行器发回的雷达信号，帮助气象学家们更多地了解海风的状况。这张太平洋的地图上快速的风被标为橙色，慢速的风标为蓝色。日本附近的旋转图案是飓风或台风。南面的台风"紫罗兰"，1996 年 9 月 22 日登陆日本，致使 3 人丧命。大一些的台风，如台风"汤姆"，向东行进一段后安全消失。这幅图像是由一台安装在气象卫星上的美国国家航空航天局散射计（NSCAT）所制作完成的：散射计从卫星上向海面发射雷达信号然后"阅读"反射回来的雷达波。

◀卫星云图和对应的天气图

卫星照片和图表展示了一个在日本附近发展中的低压系统。这张图片和各地气象站的读数帮助气象学家完成下方的天气图。强风以逆时针方向环绕低压中心旋转，带来冷锋和暖锋。地图上的符号标出了冷暖锋、天气状况（如有雨）、风速和风向，还有气压。

◀ GOES 卫星

GOES，即美同步运行环境卫星，静止于地球上方的一个固定位置。它能够测量大气温度、湿度和气流，同时接受从海洋中的气象浮动站发来的数据。当然，所有这些数据都被发送回地球，以供美国国家气象局进行分析。

间距紧密的等压线预示着伴随低压系统而来的强风

高压中心处风力较弱，天气干燥而稳定

高压

高压

低压

高压

高压

气压图▶

大气压是指单位面积上大气的重量。天气的变化往往伴随气压的变化，因此等压面图对于准确预测天气来说十分必要。等压线——气压图上的线圈——是相等压力的点的连线。图中英吉利海峡上的低压中心预示着大风和强降雨。

"长鼻"探针对飞行器外的大气采样

赤道南北附近的信风（红色部分）

风力计测量风速和风向

太阳能板在冬天以外的季节提供能量

▲史努比气象飞机

气象飞行器在大气采样工作中扮演着重要作用。史努比是一架经过改装的大力神运输机，自1972—2001年，一直负责指挥全球大气研究。装载在它上面的科学仪器记录各种读数，包括大气辐射、臭氧、氮气含量和云层密度。这架飞机还会放出吊在降落伞上的无线电探空仪和探针，并对大气进行垂直切面采样。

◀自动气象站

无人气象站在边远地区非常有用。左图是南极洲的一个自动气象站。有一些自动气象站设置在大洋中的冰山上。自动气象站测量温度、压强、湿度、风速和风向。在每天固定的待机时间，它们将读数通过卫星传输到世界各地的监控中心。

气象气球升空▶

一个大气研究人员在南极基地放飞日常气象气球。这个氦气球携带有无线电探空仪，这是一种在上升过程中记录一连串大气状况数据的探测仪。在大约25千米的高度，高空低压使气球爆炸，仪器就挂在降落伞上返回地面。气球无线电探空仪对测量上层大气中的臭氧方面非常有效，使检测环境变化成为可能。

风力计

44013

BF

NOAA

◀气象绘图

在布莱克内尔的英国气象局总部，计算机将从气象站获得的数据汇总。有约200个陆上气象站和600个船上气象站不断发回地表的数据，这些船是一支有7000艘船的国际船队的一部分。探空气球和卫星提供高空的读数并建立下雨天气雷达报告网络。电脑提供即时播报（短期预报）和长期预报。

▲浮动气象站

上图是美国海域中的一个固定的浮动气象站，这些浮标组成一个监控网络。这些浮标记录大气和海水的状态，来提高海上天气预报准确度以避免沿海洪水。一些国家拥有浮动气象站网络。这些浮标的测量读数与从卫星和气象站得到的读数一起，通过全球电信系统——一个能够分享天气数据的国际网络发送。

龙卷

龙卷，也被称为旋风，是所有风中最具破坏性的，其最大风速可达 480 千米 / 时。它们外形是一个细长的旋转柱体，当暖空气被吸入雷雨云下的低压区域时，龙卷就产生了。它扫过陆地时释放巨大的能量，能将房屋撕成碎片或将卡车卷入半空。虽然龙卷在世界许多地方肆虐，但都及不上北美草原的惨状，那里是龙卷重灾区，平均每年有 60 人因此丧命。

全球龙卷活动

龙卷活动（图中以橙色标出）常发生于温带地区，尤其是美国中部地区，北达科他州以南直到得克萨斯州，被称为"龙卷风道"的区域。在那里，龙卷在春天很常见，寒冷的极地气团遇到来自墨西哥湾的温湿气流。这股混合气流产生了气旋——周围的暖空气绕着它盘旋上升的低压区域。在北半球，龙卷绕逆时针方向旋转，与气旋方向相同。在南半球，气旋绕顺时针方向旋转，龙卷与之一致。

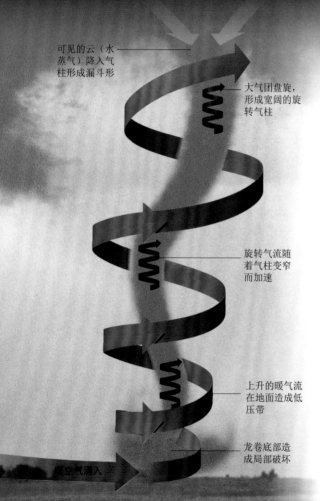

可见的云（水蒸气）降入气柱形成漏斗形

大气团盘旋，形成宽阔的旋转气柱

旋转气流随着气柱变窄而加速

上升的暖气流在地面造成低压带

龙卷底部造成局部破坏

空气涌入

▲解析龙卷

暖湿空气向上涌入一团被称为"超级细胞"巨大的雷雨云，并和上层的冷空气摩擦。这两股混合气流互相旋转，形成中气旋——一条较宽的旋转气柱。卷入的暖空气越多，中气旋旋转速度也随之加快。差不多50%的情况下，中气旋形成一个相当快、相当具有破坏力的气柱——龙卷。

龙卷的形成

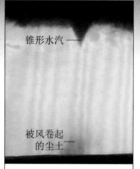

锥形水汽

被风卷起的尘土

①最初的迹象

很多人认为龙卷从云中将水蒸气伸向地面，其实这是一种误解。一个中气旋（一条较宽的旋转气柱）已经连起了云底和地面。在这幅图中，飞扬的尘土和圆锥形的云的蒸气预示着一个中气旋的形成。

冷却的空气制造更多水汽

风速加快卷起更多尘土

②风柱的形成

这个龙卷正在成形。暖湿空气涌入柱形底端并盘旋上升时会迅速膨胀并冷却。这使得它以云的方式释放出水蒸气。正是这些水蒸气和从地面吸入空中的尘土形成龙卷的外貌。

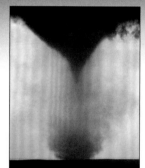

③最大能量

一个龙卷通常持续几分钟，但最强的可以持续一个小时甚至更长。当底部的暖湿空气不足或干冷的气流从云层下沉时，龙卷就开始减弱了。通常，在消失前龙卷会收缩成细绳状。

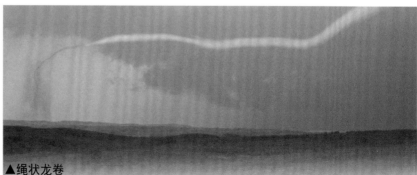

▲绳状龙卷

绳状龙卷是一条细而长的风柱。尽管有的龙卷从产生到消失一直保持这种绳状，但它往往是一个龙卷走向生命尽头的标志。绳状龙卷有时会不稳定地四处游荡，但它们总是附于雷雨云上。相比宽龙卷来说，绳状龙卷的破坏力毫不逊色。事实上，随着柱体变细，风速也相应提高，就像滑冰运动员收起双臂会旋转得更快一样。

◀龙卷带来的破坏（美国，1998 年）

在美国的部分地区，龙卷是对生命和财产最大的威胁，所经之处一片狼藉。在美国中西部，尤其是密西西比河谷附近，气候非常适合龙卷的形成。正如这幅图上显示的，一个风速在 450 千米／时的龙卷，能够卷起地上的物体并像子弹一样投掷出去、吹走人身上的衣服或是将屋顶掀翻。

1925 年的三州大龙卷▶

这个有史料记载持续时间最长、破坏最大的龙卷在 1925 年 3 月 18 日袭击了美国密苏里州、伊利诺伊州和印第安纳州。这场被称为三州大龙卷的风灾以最高时速 118 千米向东南方前进了 352 千米，毁灭了沿途的一切。它横扫了数个村庄，造成 695 人死亡，另有 2000 多人受伤。

水蒸气形成的黑暗气柱

正在追踪龙卷的多普勒雷达反射镜

▲海龙卷

海龙卷只是发源于海上的龙卷的另一种称呼。尽管它看起来像一条固体的水柱，它主要是由从上升水蒸气中凝结而成的水汽组成的。海龙卷在热带和亚热带海面上很常见，那里有供应充足的暖湿空气。它们有种奇特的性质，会将鱼和青蛙吹起，然后甩上陆地。

▲车载多普勒雷达抛物面天线反射镜

雷达帮助专家对龙卷进行预警，其中一种多普勒雷达自从 1973 年起就被使用至今。这种雷达用来探测中气旋，也能追踪雷雨云中不断聚集的雨和冰雹的移动方向。在美国，一个由固定的多普勒雷达站组成的网络持续监控天气变化。这种车载多普勒雷达则被"风暴追踪者"——追寻龙卷并近距离研究它们的人所使用。

藤田级数▶

藤田级数以破坏程度为龙卷分级。在美国每年被报道的龙卷中有 66% 被列为 F_0 和 F_1 级。被归于 F_4 和 F_5 的 2% 则造成了三分之二以上的破坏。

藤田级数

F_0	F_1	F_2	F_3	F_4	F_5
轻微破坏：风速低于 118 千米／时。部分树枝、烟囱折断。	中等破坏：118～180 千米／时。房顶掀开；车辆吹翻。	较大破坏：181～253 千米／时。木板房房顶、墙壁被吹走。	严重破坏：254～332 千米／时。列车掀翻；树木被连根拔出。	破坏性灾害：333～419 千米／时。结实的房屋被刮起。	毁灭性灾害：420～512 千米／时。汽车如导弹喷射般飞入半空。

风眼，直径可达 50 千米的无风区域

围绕风眼旋转的风速最高可达 360 千米／时

飓风（台风）

飓风是世界上最具破坏力的天气系统。当暴风雨聚集在低气压中心地区时形成飓风。作为热带气旋，飓风形成于热带海洋上空，温暖的海水是形成的必要条件。飓风一旦形成，可运动数千千米，在它们到达的冷水面或陆地上造成一连串的破坏。科学家们一直在监测飓风是为了警告那些生活在高风险地区的居民，如加勒比地区和孟加拉湾等地。

▲飓风的发展

这一系列的图片依次展示了 1992 年 8 月 24 日"安德鲁"飓风接近佛罗里达州的情况（从右到左）。图上飓风的螺旋形状是由被螺旋气流吹向风眼的云雨带。气象学家以人名来命名飓风，以此鼓励公众关注预警信息。最初，热带气旋以不受欢迎的澳大利亚政客命名；现在，男人、女人、动物和植物的名字都被用来命名飓风。

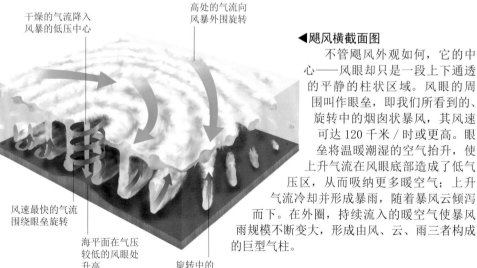

干燥的气流降入风暴的低压中心

高处的气流向风暴外围旋转

风速最快的气流围绕眼壁旋转

海平面在气压较低的风眼处升高

旋转中的有雨云带

◄飓风横截面图

不管飓风外观如何，它的中心——风眼却只是一段上下通透的平静的柱状区域。风眼的周围叫作眼壁，即我们所看到的、旋转中的烟囱状暴风，其风速可达 120 千米／时或更高。眼壁将温暖潮湿的空气抬升，使上升气流在风眼底部造成了低气压区，从而吸纳更多暖空气；上升气流冷却并形成暴雨，随着暴风云倾泻而下。在外圈，持续流入的暖空气使暴风雨规模不断变大，形成由风、云、雨三者构成的巨型气柱。

▶蒲福风级

蒲福风级于 1805 年被提出，作为海上风速的度量。蒲福风级被分为 13 级，从无风到台风。1955 年，蒲福风级被扩展为有 18 个分级的萨菲尔—辛普森飓风风级。

① 软风：平均风速 3 千米／时。烟能表示风向。

② 轻风：风速 9 千米／时。人面感觉有风；旗展开。

③ 微风：风速 15 千米／时。树叶和细枝晃动；旗展开。

④ 和风：风速 25 千米／时。树枝晃动；纸屑飞起。

⑤ 清风：风速 35 千米／时。小树晃动。

环绕风眼的——
螺旋云带

全球飓风活动

热带气旋正如其名字所显示的，仅仅形成于热带海面上。由于科里奥利效应（当风和洋流接近赤道时，会因地球自转产生的力而向南北两边辐散，所以它们从不会在赤道南北 5° 以内的范围成型。气旋最初的旋转是由科里奥利效应所推动导致的。要产生巨大到足以支持一个气旋的能量，海水的温度必须较高），50 米或更深的水下水温至少能够达到 26.5℃。热量和湿度不仅能够促使气旋的产生，还为它进一步发展提供能量；同理，如果气旋遇到寒流，其能量则会被消耗殆尽。

▼飓风 "安德鲁" 侵袭之后

1992 年，飓风 "安德鲁" 横穿佛罗里达州后，船只像玩具一样被粗暴地堆作一团。事实上，在 "飓风界"，飓风 "安德鲁" 算是一个相当小型的飓风，1988 年的 "吉伯特" 飓风是它的五倍大。即便如此，飓风 "安德鲁" 对于人类来说也已经极为猛烈：其风速可达 262 千米 / 时，摧毁了 8 万多间房屋，并造成了 265 亿美元的损失，直到它在路易斯安那州登陆后才逐渐消散。

飓风 "猎人"

在美国，第五十三天气侦查中队的飞行员们搜寻着在大西洋、加勒比海、墨西哥湾和东太平洋形成的飓风，有时他们甚至驾驶着经过特殊改装并携带有监视设备的飞行器直入风眼。在低压带不断聚集的暴风云是飓风形成的前兆。通过将悬有降落伞的感应器送入风暴，记录温度、风速、气压和湿度。这些读数先被发送到位于迈阿密的国家飓风中心以供分析，随后，整理完毕的数据又被分发到世界各地的气象中心。

被连根拔起的树木（英国肯特郡）▶

1987 年 10 月 15 — 16 日袭击英国南部的 "大风暴" 是自 1703 年以来有记载破坏最大的一次暴风灾难。虽然其时速仅有 100 千米，远低于飓风，但它将超过 1500 万株的树木连根拔起；从事后的分析中才能看出些端倪——数天前，弗洛伊德飓风袭击了加勒比地区，并向东横跨数千千米，越过大西洋向英国送来了喷射气流，这股冷空气从南面与暖湿空气相遇，造成了这场风暴。

⑦	⑧	⑨	⑩	⑪	⑫
风速 45 千米 / 时。难以持粗树枝晃动。	疾风：风速 56 千米 / 时。全树晃动。	劲风：风速 68 千米 / 时。难以行走；细枝断裂。	烈风：风速 81 千米 / 时。烟囱顶部移动；房顶瓦块被吹走。	狂风：风速 94 千米 / 时。房屋受损；树木被吹倒。	飓风：风速 110 千米 / 时。严重损失。	台风：风速 118 千米 / 时。大范围破坏。

地球"发现"简史

约公元前 585 年　米利都（今土耳其）的泰勒斯（Thales）正确预测了日食。

约公元前 450 年　希腊政治家恩培多克勒（Empedocles）提出一切事物都是由土壤、空气、火和水按不同比例构成的理论。

约公元前 280 年　希腊天文学家阿利斯塔克（Aristarchus）第一次估算了太阳与地球的距离。尽管很少人相信他，他同样第一个提出地球在绕着其自转轴自转的同时，也围绕太阳周期性运转。

约公元前 240 年　昔兰尼（Cyrene）的埃拉托斯特尼（Eratosthenes）研究阳光照在埃及两座城的角度，从而测量出地球的周长是 41 143 千米，精确到 1000 千米以内。

公元 23 年　希腊地理学家和历史学家斯特拉博（Strabo）出版了《地理素描》（Geographical Sketches）。他提到地震和火山爆发影响着陆地的起伏，划分了寒带、温带、热带的范围，并提出以地球的尺度，可能还会发现新的大陆。

公元 79 年　罗马的普林尼（Pliny）写了第一篇关于火山爆发的文章，描述的是维苏威火山的爆发。

公元 132 年　中国科学家张衡设计了历史上第一个地震探测仪。当地震的时候，他的候风地动仪巧妙地破坏金属球的平衡，使地震方向的小球下落。

约公元 140 年　希腊天文学家和数学家托勒密（Ptolemy）认为地球是宇宙的中心，提出太阳和其他行星以地球为中心旋转的理论。

约公元 975 年　巴斯拉（今伊拉克）的穆斯林学者出版了《贤人的目的》（The Aim of the Sage），是一本介绍岩层的百科全书。

1086 年　中国天文学家和工程师沈括描述了岩石的侵蚀、沉积、隆起，还解释了化石的来源。

约 1100 年　中国人发明了磁罗盘。它用有枢轴的磁针来指示地球的两极。

1492 年　热那亚商人克里斯托弗·哥伦布（Christopher Columbus）得到西班牙赞助去找出一条从西边到达中国的路径。但是他的地图（基于古希腊和圣经地理学）是错的。他从加勒比海登陆（误以为其为日本），从而发现了美洲大陆。

约 1500 年　意大利艺术家、科学家列奥纳多·达·芬奇（Leonardo da Vinci）提出在山间的贝壳化石是水生动物留下的。

1519—1521 年　葡萄牙航海家斐迪南·麦哲伦（Ferdinand Magellan）是世界上第一个出海环球航行的人。他在菲律宾被杀，但是幸存的水手完成了环球航行。

约 1540 年　德国科学家乔治尔斯·阿格里科拉（Georgius Agricola）提出矿物的科学分类。

1543 年　波兰天文学家尼古拉·哥白尼（Nicolas Copernicus）提出地球每天绕自转轴旋转，每年绕太阳一周的学说。

1600 年　英国科学家威廉·吉尔伯特（William Gilbert）发表了自己的实验，证明了地球是个巨大的磁场，其南北磁极大致与地理南北极重合。

1609 年　意大利天文学家加利莱奥·伽利略（Galileo Galilei）用一架望远镜第一次科学地证明了哥伦布的学说。伽利略发现金星的轨迹与月球一样分成不同阶段，这些只能被解释为金星绕着太阳而不是地球转。

1620 年　英国思想家弗朗西斯·培根（Francis Bacon）注意到非洲和南美的海岸线像线锯一样吻合。

1644 年　意大利物理学家伊万杰利斯塔·托里拆利（Evangelista Torricelli）发明了水银气压计用以测量大气压。

1650 年　英国大主教詹姆斯·厄谢尔（James Ussher）扩充了圣经中的人物年代表，并以此推算出宇宙是在公元前 4004 年诞生的。他的观点一直被沿用至 19 世纪。

1655 年　托斯卡纳区大公、伽利略的学生费迪南德二世（Ferdinand II），发明了凝聚湿度计（测湿度）和温度计（测温度）。

1669 年　丹麦地质学家尼古拉斯·斯丹诺（Nicolaus Steno）描述了石英中晶体的形成。他发现一些岩石是从沉积物形成的，地球的历史可以通过岩石分层来研究。

1679 年　英国天文学家爱德蒙·哈雷（Edmund Halley）提出太阳的热量产生大气运动，还认为气压和海拔相关。他在 1705 年预言了哈雷彗星回归。

1687 年　英国科学家艾萨克·牛顿（Isaac Newton）发表了《自然哲学的数学原理》，解释了运动、重力和宇宙的基本原理。

1735 年　英国物理学家乔治·哈得来（George Hadley）解释了地球的旋转对信风有何影响。他的名字被用于命名全球大气循环模型——哈得来环流。

1795 年　苏格兰地质学家詹姆斯·赫顿（James Hutton）推翻了当时流行的以《圣经》为基础的观点——地球只有 6000 岁。他强调地壳形成（比如沉积、侵蚀）的过程是持续而漫长的。

1804 年　法国动物学家乔治·居维叶（Georges Cuvier）研究了古化石，认为它们存在已经数千世纪了。他相信灭绝的物种是被自然灾害毁灭的，例如洪水。

1806 年　英国海军上将弗朗西斯·博福特（Francis Beaufort）为水手设计了以水面状况描述风速范围的蒲福风级。后来通过将蒲福风级中用以描述风速的代替为汽车、树等，改进为陆用。

1815 年　英国工程师威廉·史密斯（William Smith）发表了第一张地质地图。他发现通过分析找到的化石属于哪一岩层，可以判断一个岩层是否老于另一个。

1822 年　英国业余古生物学家玛丽·安·曼特尔（Mary Ann Mantell）发现了第一块巨型生物的化石（牙齿），后来被英国科学家理查德·欧文（Richard Owen）鉴定为来自一只恐龙。

1827 年　法国数学家琼·巴普蒂斯特·傅立叶（Jean Baptiste Fourier）引入了温室效应的概念。他指出地球在从太阳吸收热量时如同一个玻璃温室。

1830 年　苏格兰人查尔斯·赖尔（Charles Lyell）出版了《地质学原理》。他认为地球已经存在数亿年。

1831 年　英国探险家詹姆斯·克拉克·罗斯（James Clark Ross）发现了地磁北极。

1837 年　美国地质学家詹姆斯·达纳（James Dana）认为地貌景观是由持续风化作用的侵蚀而形成的，而不是由地震和火山爆发之类的突发灾害造成的。

1840 年　瑞士籍科学家路易斯·阿加西斯（Louis Agassiz）提出了冰期理论，并且认为北欧曾经被冰层覆盖。

1872—1876 年 隶属于英国海军部和英国皇家学会的挑战者号完成了第一次对海底的探测。它航行了四年，行程 127 600 千米，绘制了世界海底地图。

1874—1875 年 美国海军的查尔斯·西格斯比（Charles Sigsbee）驾驶蒸汽船布雷克号，使用新的海底绘图方法探测了墨西哥湾。

1880 年 英国地质学家约翰·米尔恩（John Milne）发明了现代地震仪（一种测量地震的仪器）。

1895 年 瑞典化学家斯万特·阿雷纽斯（Svante Arrhenius）提出，排放到大气中的二氧化碳会吸收太阳的热量，并导致全球变暖。

1903 年 挪威探险家罗阿尔德·阿蒙森（Raold Amundsen）第一次沿西北航道（北极冰层间的一条连接大西洋与太平洋的海上通道）航行。

1903 年 挪威科学家克里斯蒂安·伯克兰（Kristian Birkeland）解释了北极光的形成原因。

1904 年 新西兰科学家欧内斯特·拉瑟福德（Ernest Rutherford）解释了放射性衰变的过程。这一发现后来为放射性年代测定法——一种用以测量岩石年龄的方法，奠定了理论基础。

1906 年 爱尔兰裔地质学家理查德·奥尔德曼（Richard Oldman）通过对地震波的研究，得到了证明地核由铁构成的证据。

1909 年 澳大利亚地质学家爱德华·聚斯（Eduard Suess）写成了《地球的面貌》一书，解释了地球造山和造海的过程。这本书还第一次提到了古代超大陆冈瓦纳。

1910 年 克罗地亚科学家安德里亚·莫霍洛维奇（Andrija Mohorovicic）研究了地震波，发现了地壳和地幔的分界面。这一分界面被称为莫霍洛维契奇界面，或者简称为莫霍面。

1911—1912 年 罗阿尔德·阿蒙森（Roald Amundsen）带领探险队第一个成功地到达南极点，击败了英国的斯科特上校。

1912 年 德国气象学家阿尔弗雷德·魏格纳（Alfred Wegener）发表了他的大陆漂移学说，提出所有的大洲曾聚合在一起，形成被称作联合古陆的超大陆。

1920 年 塞尔维亚科学家米卢廷·米兰柯维奇（Milutin Milankovitch）发现了太阳辐射与气候的关系。这一发现基于地球绕日轨道的不规则变化，这种变化称为米兰柯维奇摆动。

1921 年 挪威气象学家威廉·比耶克内斯（Vilhelm Bjerknes）发表了他对大气的研究结果。他对气团和锋面做了定义，是现代天气预报之父。

1922 年 英国物理学家刘易斯·理查森（Lewis Richardson）将数学计算应用于天气预报。这一方法在计算机发明后得到了广泛应用。

1924 年 美国天文学家埃德温·哈勃（Edwin Hubble）发现银河更远处存在星云（恒星的诞生地）。1929 年，他提出宇宙正在膨胀这一观点。

1927 年 比利时天文学家乔治·勒迈特雷（Georges Lemaitre）提出了大爆炸理论，来解释宇宙的起源。

1931 年 英国地质学家阿瑟·霍姆斯（Arthur Holmes）发表了地质年代表。根据放射性年代测定，他认为地球年龄应为 40 亿年。他提出在地幔中存在流动着的流质，而这一流质是大陆漂移的成因。这一理论的提出解释了魏格纳的大陆漂移说。

1934 年 美国生物学家查尔斯·威廉·毕比（Charles William Beebe）与工程师奥蒂斯·巴顿（Otis Bartone）在探深球里下降至 923 米，开创了深海勘测的先河。

1935 年 美国物理学家查尔斯·里克特（Charles Richter）发明了里氏震级来表示地震的强度。

1935 年 美国地球物理学家莫里斯·尤因（Maurice Ewing）在远海第一次对地震强度进行了测量。他认为地震和大洋中脊的延伸有一定联系。

1936 年 丹麦地震学家英厄·莱曼（Inge Lehmann）声称地核内部是固体，外部是液体（后来的核试验证明他是正确的）。

1948—1977 年 美国制图员玛丽·萨普（Marie Tharp）和布鲁斯·希曾（Bruce Heezen）开始运用声呐读数绘制海岭和其他海底地貌。他们在 1977 年出版了世界海底地图。他们的发现帮助科学家在 20 世纪 60 年代接受板块构造学说。

1953 年 美国科学家克莱尔·帕特松（Clair Patterson）计算地球的年龄。45 亿年——这是地质探测史上得到的最准确的数字。

1959 年 美国科学家通过先锋号地质测量船探测到了大西洋中脊裂谷。这是当时海底测深最有意义的发现。

1959—1962 年 美国地质学家哈里·哈斯（Charry Hass）的海底扩张学说进一步扩充了板块构造学说。他运用声呐探测来确定海底板块廓线。

1963 年 英国科学家弗雷德里克·瓦因（Frederick Vine）和德拉蒙德·马修斯（Drummond Matthews）提出地球的南北磁极会有规律的对调这一假设。这个假设的提出基于大洋中脊附近存在海底地壳磁场带，为哈斯的海底扩张模型提供了有力支持。

1963 年 加拿大地质学家约翰·图佐·威尔逊（John Tuzo Wilson）提出了热点理论，他将热点定义为地幔里上升的岩浆柱，这些岩浆柱使得地壳升温。他用这个理论去解释夏威夷岛链等岛屿的形成。

1964 年 隶属于伍兹霍尔海洋研究所（Woods Hole Oceanographic Institution）的潜水艇阿尔文号（Alvin）开始了首次海底考察旅行，开创深海研究探索之先河。在这次探索中，它提供了对深海热液活动的首次观测。

1965 年 约翰·图佐·威尔逊（John Tuzo Wilson）提出了连接海岭和海沟的第三类板块边界——转换断层分界面。最著名的例子就是圣安德烈斯断裂带。

1969 年 7 月 20 日，美国国家航空航天局发射了阿波罗 11 号宇宙飞船登月舱，第一次将人类送上月球。

1979 年 英国科学家詹姆斯·洛夫洛克（James Lovelock）提出，地球上的所有系统是作为一个巨大的有机生物体而共同运作的。这种理论被称为盖亚假说。

1980 年 美国科学家路易斯（Luis）和沃尔特·阿尔瓦雷斯（Walter Alvarez）提出，由于 6500 万年前一颗巨大的陨石撞击了今天墨西哥附近地区而导致气候变化，最终造成了恐龙的灭绝。

1985 年 英国南极考察队的科学家记录下了南极臭氧层春季空洞。

1996 年 科学家声称在南极发现了来自火星的陨石，并且其中所含的结构也许能够表明在那颗遥远的星球上存在着生命和水源。

2004 年 美国国家航空航天局的勇气号与机遇号火星探测器登陆火星，勘探该行星的地质状况，并寻找水源或生命存在的证据。

词汇表

板块边界

地壳中构造板块交界处。板块边界有三种类型：汇聚边界（板块相向移动）、离散边界（板块相离运动）以及转换断层（板块相互滑动并越过彼此）。

板块移动

一个板块对另一个板块的相对运动。

变质岩

由于热度或压力使岩石内部的原始状态发生改变而形成的岩石。

冰川

在重力作用下缓慢移动的大型冰体。山谷冰川在现存的山谷中缓缓移动；山麓冰川则是由多个山谷冰川在山脉脚下汇集而成。冰原是一层覆盖范围广袤的巨大冰体。冰盖则是覆盖在山顶的、体积较小的拱形冰层。

冰川作用

冰川及冰原的形成及运动过程。

冰斗

山岳冰川源头由雪蚀和冰川挖掘共同营造的围椅状盆地。

冰盖

见"冰川"。

冰期

地球历史中一段寒冷而漫长的时期。

冰山

从沿海的冰川或冰原边缘断裂而出的一大块漂浮冰体。

冰原

见"冰川"。

波

借由水、空气或大地来进行的一种能量传播方式。

波长

两个相邻波峰之间的距离。

潮汐

主要由日、月引力对海洋的作用而引起的海水的有规律涨落。

沉积物

由河流搬运并最终沉积于海底、河底或湖底的岩石、矿物或其他有机物。

沉积岩

沉积物因其上面的压力或掩埋而形成的岩石。

沉积作用

在风力、水力或冰川的作用下，砂砾或碎石等物质被搬运到一个新地方时的沉淀现象。

赤道

一条假想的环绕地球一周的纬线，到两极距离都相同。

臭氧

氧的一种存在形式。尽管臭氧在近地面大气中也能产生，但它们多数处于平流层中，并过滤掉由太阳释放的大量的有害紫外线。

磁层

地球内核中的铁元素运动而形成了磁场，它不仅存在于地球的内部，也存在其外部。磁层还能保护地球不受太阳释放的带电粒子的侵扰。

大陆

一块超大型陆地，例如欧亚大陆、南极大陆、北美大陆等。

大陆（板块）边缘

大陆与海洋相接的一块区域，包括大陆架及大陆坡。

大陆架

介于陆地与深海之间的浅海区域。

大陆坡

大陆边缘与深海海床的过渡带，但坡度颇为陡峭。

大气层

由于重力作用而围绕在行星或卫星周围的一层混合气体。

大洋中脊

形成于分裂的构造板块边缘的海底火山山脉。

岛弧

在海底火山活动较为剧烈的区域上方形成的链状岛屿群。

等压线

气象图中表示大气压强变化的等值线。

地核

极端高温的地球中心层，包括由铁和镍构成的固态内层与液态外层。

地幔

地球内部三圈层的中间一层，厚度可达 2870 千米。

地壳

地球岩石圈的最外一层，包括大陆地壳及海洋地壳。

地热能

这种能源通常与火山活动相关联，主要是利用滚烫的岩石制造蒸汽来发电。

地下水

大气降水落到地表后，没有随河流走或蒸发的部分，便被土壤吸收并储存在地下。

地震

地球内部能量沿某断层释放时所引起的地壳突然性移位或震动。

地震波

地震所产生的震波。

断层

岩石断裂错位形成的裂缝。是地震成因之一。

对流

温度变化引起的空气或水的流动或循环。

对流层

大气层中距离地表最近的一层。

厄尔尼诺

简而言之，指太平洋暖流流向的异常变化——向东而不是向西流动——所导致的、影响着海洋与大气的大型天气现象，每 2～7 年发生一次。

反气旋

风围绕某一高压地区旋转而形成的天气系统。

风化作用

地表岩石被风、水、霜冻或有机生物分裂或分解的过程。

锋（或锋面）

温度或密度差异很大的两个气团之间的界面。

腐殖质

表层土壤中富含营养的物质，由死去或腐烂了的动植物尸体演变而成。

构造板块

板块构造学说认为，地球上的 17 个板块（它们组成了地壳以及上层地幔）都缓慢地漂移在地球表面。

锢囚锋

冷锋赶上暖锋而叠置时的地面锋。

光合作用

有机体利用阳光将二氧化碳和水转化为糖分的过程。

海啸

由地震、海底坍塌或火山爆发所引发的巨型海浪。

"黑烟囱"

见"热液系统"。

恒星

宇宙中由燃烧着的气体构成的大型球状天体，由其内部的核聚变提供能量发光发热。太阳是我们所在的天体系统中的恒星。

滑坡

斜坡的局部稳定性受破坏，在重力作用下，岩体或其他碎屑沿一个或多个破裂滑动面向下做整体滑动的过程与现象。

化石

保存有生物残骸、印痕或足迹的岩石。

环流

海洋中循环运动的洋流形式。

彗星

由冰与尘埃形成主体的绕日运行的天体。

火山

地球内部岩浆喷发地点，岩浆的不断喷涌往往形成火山锥；复式火山是由岩浆及火山灰等物质同时爆发性喷涌而形成的，坡面颇为陡峭；盾形火山则是由岩浆涌出火山口后向四周蔓延而形成，其山坡坡面平缓宽阔。

火山口

火山山峰上碗状的大开口，也是火山所喷出的气体和岩浆的出口。

火山泥石流

火山灰、碎石、泥土从火山坡上急速滚流而下的现象，通常由暴雨引发。

火山碎屑（灰）

火山爆发而喷射出的粉末状物质。火山碎屑流是灼热的气体混杂着火山灰、火山岩而形成的一场灾难性的大"雪崩"。

极光

太阳风粒子撞击上层大气产生的忽隐忽现的放射状或帷幔状光亮，见于极地地区。

急（喷）流

在高纬地区高速流动的寒冷气流。

降水

水从高空以雨、雪、冰雹等方式降到地面。

礁湖

被珊瑚环礁或沙洲围绕所形成的封闭而平静的水体。

晶体

一种以其内部原子有规律排序为特征的固体，例如岩石中的矿物质。

飓风

由剧烈上升的热空气不断释放能量催生而成的一种具有强大破坏力的风暴。

矿石

能够从中有效地提纯出有价金属的自然物质。

矿物

一种天然无机固体，具有相对固定的化学组成。地球上的岩石均由矿物组成。

裂谷

大陆做分裂运动时地壳上所形成的沟谷。

流

水或空气流动而形成，如洋流、气流等。

流星

在进入地球大气层时被不断加热直至燃烧，并在天空中划过一道闪亮光芒的太空岩石。任何撞击地球的太空岩体都称为陨石。

龙卷

形成于云层与地表之间的极具破坏性的旋风。

绿洲

沙漠中地下水埋藏较浅，并以此供植被生长的区域。

落叶林

每年秋季落叶的森（树）林。

平流层

地球大气层中位于对流层上方的一层。

破火山口

位于火山山峰的坍塌火山口。

栖息地

某种植物或动物生活和生长的地方。

气团

性质单一的大团气体。

气旋

在低气压区域形成的呈螺旋状上升的热气流。热带气旋也被称为飓风。

气压系统

大气层中影响着近地面的天气状况的气压变化。高压控制之下，天空往往晴朗而干燥；而低压控制之下，则多有冰雹或雷雨天气。

侵蚀冲刷作用

使地壳物质松动，将其溶解，或移动到其他地方的一种自然作用。

全球变暖

地球大气层的温度上升现象。

群岛

由众多岛屿组成的岛屿群或岛链。

热点

火山活动使得地幔中的岩浆喷涌而出，形成热点。

热电离层

大气最外层。

热液系统

热地下水于地壳中的循环运动。炙热的岩石是热量的主要来源。被加热的海水中溶解着大量矿物质，从海底缝隙中喷涌而出，形成了颜色奇特的喷泉——"黑烟囱"。这种热液在陆地上相当于陆地温泉。

熔岩

从火山内部喷发至地表的流体性物质。喷发后冷却形成岩石。

软流层

位于坚硬的岩石圈正下方的地幔中的柔软层。

三角洲

河口是河流注入海洋或湖泊的地区；而三角洲则是沉淀物在河口地区由于流水冲积作用而形成的小平原。

沙漠

以降水量远小于蒸发量为主要特征的地区，植被稀疏，地表径流少，风力作用明显，具有独特的地能型态。

沙丘

由沙子松散堆积而成的小丘，风力的沉积及塑造作用对其形状影响深刻。

珊瑚

虽然外表像植物，但实际上由大量珊瑚虫个体组成；它们生活在一起，分享各种资源，例如食物。

珊瑚环礁

见"珊瑚礁"。

珊瑚礁

由活性珊瑚及其他有机体聚集形成的构造物，通常分布在温暖的浅海海域；生长在下沉的死火山山口的珊瑚礁，叫作珊瑚环礁。

闪电

在雷雨云内部或从雷雨云直击至地面的电流释放现象。一次闪电能够将其击穿的空气瞬间加热到30 000℃。

深海沟

当一个构造板块俯冲到另一个之下时在海底形成的沟谷。

深海海底（的）

远离大陆边缘的深海海底的物质。

生态群落（大生态区）

动植物群落的最广义分类法。

生态系统

生物群落及它们生活环境的总称。

生物圈

包括生活在地球上的所有有机体以及它们所处的环境。

松柏科植物

叶子呈针状、结球果的常绿树木，典型例子为松树及杉树。针叶林形成了围绕在远北大陆周围的森林带，通常被称为北方生物带或欧亚针叶林带。

台风

见"飓风"。

碳

存在于许多岩石、矿物以及所有生物体内的化学元素。碳循环就是碳元素与外界环境的交换。

土壤

岩石或沉积物风化后形成的松软的地表物质（包括腐殖质）。

温带

回归线与极圈之间的热量带，以气候呈季节性变化为显要特征。

温室效应

大气层中的气体及各种粒子大量吸收太阳辐射的热量而使地面保持一定温暖程度的现象。

雾

近地面的空气层中悬浮着大量微小水滴或冰晶，使水平能见度降到 1 千米以下的天气现象。

消亡运动（作用）

在板块交界处，海洋板块俯冲到相邻板块之下的运动。

小行星

以岩石为主体，围绕太阳旋转的、比行星更小的天体。太阳系中的小行星多聚集于木星与火星轨道之间的小行星带中。

行星

宇宙中绕恒星运动的大型球状天体。

玄武岩

地球上最常见的火山岩，是海底地壳的主要构成物。

岩浆

包含各种气体、过热水及蒸汽的硅酸盐熔融体。

岩浆喷发

地球内部的岩浆喷涌而出的过程。

岩浆岩

由岩浆冷却凝结而成的岩石。

岩石

由一种或多种矿物质组成的坚硬物质。有些火山岩表面光滑如镜。

岩石圈

位于地表最外层的坚硬圈层，包括地壳和地幔最上层。

液化

物质从气体到液体的转化过程。

雨林

享有丰厚的降水量而生长得苍翠繁茂的森林。雨林每年的降水量可达 2500 毫米。

中间层

大气层中位于平流层上方的一层。

钟乳石

地下水中的矿物质沉积在洞穴顶部而逐渐形成的锥形构造物。而当地下水从钟乳石的尖端滴落后，在洞穴下方形成石笋。

致谢

Dorling Kindersley would like to thank Lynn Bresler for proof-reading and the index; Margaret Parrish for Americanization; and Rosie O'Neill for editorial support.

Dorling Kindersley Ltd is not responsible and does not accept liability for the availability or content of any web site other than its own, or for any exposure to offensive, harmful, or inaccurate material that may appear on the Internet. Dorling Kindersley Ltd will have no liability for any damage or loss caused by viruses that may be downloaded as a result of looking at and browsing the web sites that it recommends. Dorling Kindersley downloadable images are the sole copyright of Dorling Kindersley Ltd, and may not be reproduced, stored, or transmitted in any form or by any means for any commercial or profit-related purpose without prior written permission of the copyright owner.